Bernd Geropp

Ist die Katze aus dem Haus …

Bernd Geropp

Ist die Katze aus dem Haus …

So arbeiten Ihre Mitarbeiter eigenverantwortlich und selbstständig

REDLINE | VERLAG

Bibliografische Information der Deutschen Nationalbibliothek:
Die Deutsche Nationalbibliothek verzeichnet diese Publikation in der Deutschen National-
bibliografie; detaillierte bibliografische Daten sind im Internet über **http://d-nb.de** abrufbar.

Für Fragen und Anregungen:
lektorat@redline-verlag.de

3. Auflage 2015

© 2013 by Redline Verlag, ein Imprint der Münchner Verlagsgruppe GmbH,
Nymphenburger Straße 86
D-80636 München
Tel.: 089 651285-0
Fax: 089 652096

Redaktion: Bärbel Knill, Landsberg am Lech
Umschlaggestaltung: Kristin Hoffmann, München
Umschlagabbildung: iStockphoto.com
Satz: Georg Stadler, München
Druck: CPI – Ebner & Spiegel, Ulm
Printed in Germany

ISBN Print 978-3-86881-503-0
ISBN E-Book (PDF) 978-3-86414-455-4
ISBN E-Book (EPUB, Mobi) 978-3-86414-456-1

Weitere Informationen zum Verlag finden sie unter

www.redline-verlag.de

Inhalt

Vorwort
Als Anton C. sieben Jahre keinen Urlaub machte

»Schatz, dieses Jahr machen wir aber mal wieder gemeinsam Urlaub, nicht?«

Anton C. blickt auf.

»Mir schwebt eine Rundreise durch die USA vor. Zusammen mit Holger und Sabine; wir hatten doch in Griechenland eine richtig schöne Zeit zusammen. Jetzt sag bitte nicht, dass du keine Zeit hast!«

Anton C. tippt die letzten Zeilen einer wichtigen E-Mail an seinen Vertriebsleiter. Er klickt auf »Senden« und schaut auf die Uhr. Die Digitalanzeige zeigt 23:47.

»Schatz, hörst du mir überhaupt zu?«

»Was meinst du, Liebling?« Anton C. wendet sich seiner Frau zu. »Du siehst doch, ich bin beschäftigt.«

»Der Urlaub.« Mit verständnisvoll-ermüdeter Miene stützt sich Betty C. am Türrahmen ab. »Ich mach mir Sorgen um dich. Immer nur Arbeit, Arbeit, Arbeit! Das kann doch nicht gesund sein.«

Anton C. nickt bedrückt. Er bemüht sich, seinen Frust nicht allzu deutlich zu zeigen. Als er vor fünf Jahren seinen PC-Discount-Fachhandel aus der Taufe hob, sah alles noch anders aus. Die Branche boomte. Und er sah seine Chance, frei zu sein. Das zu machen, was ihm Spaß bereitet! Aber jetzt …

»Jetzt bin ich gefangen in einem 80-Stunden-Job, aus dem ich nicht mal zu Hause, nicht mal kurz vor Mitternacht rauskomme«, denkt er niedergeschlagen. »Ich rödle nur im Hamsterrad. Muss permanent erreichbar sein. Ohne mich geht gar nichts. Wenn ich nicht da bin, geht mein Laden den Bach runter. Und …« Anton C. zögert. Der Gedanke kostet ihn Überwindung. »… es macht mir ja auch Spaß. Sehr oft jedenfalls. Vieles kann ich einfach besser als meine Mitarbeiter. Ich …«

»Schatz, jetzt sag doch wenigstens was.« Betty C. klingt mittlerweile genervt. »Ich weiß ja, dass du viel zu tun hast, aber …«

»Warte eine Sekunde.« Anton C. wirft einen Blick in seinen Kalender. »Wann, hast du gesagt, wollen wir verreisen?«

Betty C. seufzt.

»Ich hab noch gar nichts gesagt.«

»Sorry, Liebling.«

»August. Den ganzen Monat.«

Anton C. runzelt die Stirn. In der ersten Augustwoche steht eine Tagung an. Vom elften bis zum 22. muss er sein bestes Pferd im Stall vertreten, den Leiter der Technikabteilung. Schließlich braucht der auch mal Urlaub. Und am 23. launcht der Software-Partner sein neues Produkt. Unmöglich, dass Anton C. da nicht persönlich anwesend ist. Wer soll auch die Kartoffeln aus dem Feuer holen, wenn etwas schiefgeht?

»Das Wochenende vom Achten bis zum Zehnten hätte ich Zeit«, murmelt er. »Sonst geht gar nix.«

»Typisch!« Betty C.s Geduld ist eindeutig zu Ende. »Schlaf gut, du Workaholic. Wenn du überhaupt schläfst!« Sie marschiert ins Schlafzimmer und knallt die Tür hinter sich zu.

Anton C. kämpft einen Moment lang mit sich.

»Das kann's nicht sein«, murmelt er zu sich selbst. »Seit Jahren arbeite ich rund um die Uhr, und was hab' ich davon? Meine Frau ist sauer. Mein Unternehmen hält sich gerade so über Wasser. Wachsen tun wir auch nicht mehr. Irgendwas mach' ich falsch!«

Kapitel 1
Wenn ich nicht mitmische, passiert nichts

Warum Ihre Mitarbeiter nicht engagiert sind

Drehmoment: Kann die Rotation eines Körpers beschleunigen oder abbremsen, den Körper verbiegen oder in sich verdrehen. Wenn auf einen Hebelarm der Länge r eine Kraft F senkrecht einwirkt, gilt: r x F = M (Drehmoment). Das Drehmoment wird in Newtonmetern angegeben. Das Drehmoment, das von einer Kraftmaschine auf eine Arbeitsmaschine oder ein Getriebe übertragen wird, heißt Abtriebsmoment (für die Kraftmaschine) bzw. Antriebsmoment (für das Getriebe). Damit möglichst viel des Antriebsmoments in Bewegungsenergie umgesetzt werden kann, ist eine optimale Passung zwischen Kraftmaschine und Getriebe nötig.

Rockzipfel-Mannschaft

»Äh, Herr Weißhahn hat gerade unser Angebot abgelehnt«, meldet der Sachbearbeiter verlegen seinem Chef.

»Wieso das denn?« Rolf Dettinger dreht sich auf seinem Stuhl um. »Das war doch schon alles abgesprochen und vereinbart! Zeigen Sie mal her, was Sie ihm geschickt haben.«

Der Sachbearbeiter reicht Dettinger die Kopie des Angebots. Der überfliegt es und wird rot im Gesicht.

»Das darf doch nicht wahr sein! Sie haben einfach unsere Standardkonditionen eingesetzt. Dabei wissen Sie doch, dass Weißhahn & Co. als Großkunde fünfzehn Prozent Rabatt bekommen!«

Der Sachbearbeiter tritt von einem Bein aufs andere.

»Soll ich Herrn Weißhahn anrufen und mich für das Versehen entschuldigen?«

Dettinger schüttelt den Kopf.

»Tja, schön wär's, wenn das so einfach wäre! Um das noch zu retten, muss ich schon persönlich gut Wetter bei ihm machen.«

Sobald der Sachbearbeiter die Tür hinter sich zugezogen hat, fängt Rolf Dettinger an, in sich hinein zu schimpfen.

»Da bin ich einen einzigen Tag außer Haus, und schon kriegen meine Leute die einfachsten Sachen nicht mehr hin. Ständig muss man hinterher sein! Was habe ich nur für einen Loser-Trupp? Unselbstständig wie kleine Kinder …«

Wenn der Chef nicht da ist, läuft immer etwas schief. Ein verschwitzter Termin. Eine gebrochene Absprache. Ein übersehener Fehler. Da werden die AGBs nicht in der finalen, sondern in einer Vorversion herausgeschickt. Teilaufgaben werden in Eile fertiggemacht und an den nächsten Bearbeiter übergeben; und der lässt sie, statt sie gleich anzupacken, erst mal einen halben Tag liegen. Punkt 17 Uhr macht er dann Feierabend, auch wenn er nur noch zehn Minuten bräuchte, um das große Projekt abzuschließen. Selbstständig und effektiv zu guten Ergebnissen kommen? Das scheinen Mitarbeiter einfach nicht zu können. Sie arbeiten zwar viel – aber viel zu oft an der falschen Sache, auf die falsche Art und Weise, und so unkoordiniert, als hätten sie Scheuklappen an.

Klar, der Geschäftsführer stellt keine Idioten ein, sondern qualifizierte Fachkräfte mit aussagekräftigen Lebensläufen, die meistens auch gute Arbeit leisten. Meistens. Aber in regelmäßigen Abständen passiert dann doch ein Riesenklopper. Ein inakzeptables Ergebnis. Etwas, bei dem man sich als Chef fragt: Wollen die mich veräppeln? Rede ich Usbekisch mit ihnen? Oder was?

Nach mehreren solchen Vorfällen gibt es nur noch eine Erklärung: Als Mittelständler, Kleinunternehmen oder Hidden Champion bekommt man einfach kein Top-Personal. Die High Performer gehen zu den großen Konzernen, wo es bessere Aufstiegschancen gibt. Zu uns kommt nur die zweite Wahl. Also bleibt dem Chef nichts anderes übrig, als die Qualitätslücke selbst zu schließen und jedes Arbeitsergebnis seiner Mitarbeiter zu kontrollieren. Den Mitarbeitern das Feld zu überlassen, wäre einfach zu gefährlich. Manche Fehler sind millionenschwer! Oder setzen ganze Geschäftsbeziehungen aufs Spiel! Dumm ist nur, dass man selbst als Chef nicht an mehreren Orten gleichzeitig sein kann.

Messen, Kundengespräche, Networking-Termine – da geht der Geschäftsleiter mit dem gleichen Gefühl hin wie Eltern, denen die vierzehnjährige Tochter hoch und heilig versichert, dass sie »nur ein paar Freundinnen« in die sturmfreie Bude einlädt. Ständig fragt er sich, was wohl inzwischen in der Firma alles läuft. Oder vielmehr, was nicht läuft. Abschalten im Urlaub? Das ist nichts für Chefs. In der Strandbar werden Geschäftsmails geprüft, und bevor man den Mont Blanc besteigt, erkundigt man sich selbstverständlich, ob es auf dem Gipfel Handy-Empfang gibt. Nein nein, nicht für den Notruf … Könnte nur sein, dass die Mitarbeiter eine Entscheidung brauchen. Damit der Laden weiterläuft. Damit die Produktivität nicht sinkt.

Die Frage ist nur: Geht die Rechnung wirklich auf? Kann der Extra-Einsatz des Chefs den Unternehmenserfolg gewährleisten?

Aus der Perspektive eines Ingenieurs funktioniert ein Unternehmen nicht anders als ein Fahrrad. Der Unternehmer ist der Radfahrer, der lenkt und die Antriebsenergie einbringt. Die Mitarbeiter sind die Pedale, Gangschaltung und Kette, die dessen Kraft auf die Räder übertragen. Und der Umsatz ist die Fortbewegung.

Ok. Aber was passiert eigentlich, wenn der Chef sich abrackert?

Schauen Sie genau hin: Ein Chef, der alles kontrolliert, ist wie ein Radfahrer, der auf ebener Strecke im ersten Gang fährt: Er tritt und tritt und tritt, mit hoher Drehzahl – und geringem Drehmoment. Obwohl er sich abstrampelt, bis er einen roten Kopf bekommt, kann die Gangschaltung seine Energie nicht ausreichend in Bewegung umsetzen.

Ergebnis: Das Rad kommt kaum vom Fleck.

Konkret bedeutet das: Der Chef verbringt seinen Jahresurlaub im Bereitschafts-Modus, die Umsätze gehen aber dennoch steil nach unten. Der Auftragseingang ist schlechter als im Gründungsjahr. Die Kundenbeschwerden und Reklamationen häufen sich. Ideen? Initiative? Das gab's noch nie, als der Chef weg war. Eigentlich auch nicht, wenn er da ist. Nicht von den Mitarbeitern. Ohne den Chef läuft es einfach nicht.

Viel schlimmer ist aber, dass es auch mit dem Chef nicht läuft. Sein Krafteinsatz führt nicht dazu, dass die Mitarbeiter seinen Schwung aufnehmen. Im Gegenteil: Je mehr er reinpowert, desto größer und sichtbarer wird der Unterschied zwischen seiner Leistung und der Leistung seiner Leute. Am Ende ist das Leistungsverhältnis völlig asymmetrisch: Der Chef erarbeitet selbst einen Großteil des Umsatzes und darf dann die Mitarbeiter bezahlen. Man fragt sich nur: wofür?

Er ist der einzig Produktive, seine Leute allesamt faule Säcke. So gesehen, könnte er sich sein Team sparen. Aber Moment: Wie sieht das Ganze aus der Sicht der Mitarbeiter aus?

Bevormundung

»Sonst kontrolliert Herr Dettinger immer alles zweimal«, denkt sich der Sachbearbeiter. »Er sagt mir vor allem jedes Mal, welchen Schlüssel ich für welches Angebot einsetzen soll. Nur als dieses verflixte Angebot an Weißhahn anstand, war er gerade beim Kundengespräch in Münster. Ich konnte doch nicht warten, bis er zurück ist! Er hat ja selber gesagt, es ist eilig. Woher soll ich wissen, worauf ich achten muss, wenn ich das noch nie von A bis Z alleine gemacht habe?«

Wenn der Chef alles kontrolliert, was seine Mitarbeiter machen, und ihnen sogar die Arbeitsschritte vorkaut, gewöhnen diese sich ab, selbst zu denken und auf die Qualität ihrer Ergebnisse zu achten. Denn sie machen die Erfahrung: Egal, wie viel Mühe ich mir gebe, der Chef macht sich dieselbe Mühe noch mal. Und egal, wie sauber ich arbeite, der Chef findet immer noch eine Kleinigkeit, die zu verbessern ist. Wozu also doppelt arbeiten? Wozu mir also Mühe geben?

Besonders problematisch wird es, wenn der Chef seinen Leuten haargenau vorgibt, was sie zu tun haben. Als ob sie nicht selbst entscheiden könnten, wie sie ihre Aufgaben am besten bearbeiten. Saubere Übergaben sind natürlich unentbehrlich für einen perfekten Projektablauf. Wer aber nicht nur das Ziel, sondern auch die Vorgehensweise übergibt, hilft seinem Mitarbeiter nicht im Geringsten. Er setzt nur eine Negativspirale in Gang. Der Mitarbeiter gewöhnt sich an, stur nach Anweisung zu arbeiten. Und gewöhnt sich ab, zu fragen: Wozu genau tue ich das? Lässt sich dieses Ziel auch auf einem sinnvolleren Weg erreichen?

Diese Art von Kontrolle ist nichts anderes als eine Bevormundung. Und zwar eine ziemlich schizophrene: Der Chef nimmt den Mitarbeitern ihre Arbeit aus der Hand – und beschwert sich, dass sie sie nicht tun. Er gesteht ihnen keinen Entscheidungsspielraum zu – wundert sich aber, dass sie keine Entscheidungen treffen. Er nimmt ihnen jede Verantwortung ab – und beklagt sich über ihr mangelndes Verantwortungsbewusstsein. Er gibt ihnen detaillierte Arbeitsanweisungen – und schimpft über die Hohlköpfe, denen er alles vorkauen muss.

Der springende Punkt: Wenn Mitarbeiter schlampig arbeiten, und die Ergebnisse nicht stimmen, dann liegt es nicht nur an ihnen. Sondern zum Großteil am Chef. Verantwortlich für die schlechten Ergebnisse des Teams sind genau die Maßnahmen, mit denen er die schlampige Arbeit verhindern will.

Den wenigsten Führungskräften ist dieser Zusammenhang bewusst. Deshalb legen sie oft noch einen drauf: Weil das Team nicht schlagkräftig genug ist, betreuen sie die wichtigen Kunden selbst. Mit katastrophalen Folgen: Das Unternehmen wird nicht produktiver und die Korrekturarbeit für den Chef weniger, sondern die Mehrarbeit, die er meint zu vermeiden, kommt wie ein Bumerang zurück. Über andere Wege.

Wenn der Chef die anspruchsvollen Aufgaben selbst übernimmt, verlieren die Mitarbeiter jeden Anspruch an sich selbst. Sie wissen genau: Sie brauchen nur hilflos dreinzuschauen, schon streift sich der Chef sein Superheldenkostüm über, kommt eilends angeflogen und biegt die Dinge wieder gerade, die sie eben verbogen haben. Verantwortung für das eigene Handeln übernehmen? Unnötig! Ein Kletterer, der am Seil hängt, sucht seine Handgriffe auch nicht mehr ganz so vorsichtig aus. Wieso auch? Er ist schon in Sicherheit. Sein Leben hängt nicht davon ab, ob er nach links oder rechts greift …

Kurz gesagt: Der Chef vertraut seinen Mitarbeitern nicht und verhält sich deshalb auf eine Weise, die dafür sorgt, dass sie unzuverlässig werden. Eine sich selbsterfüllende Prophezeiung.

Dass dies fürs Unternehmen nicht förderlich sein kann, ist in der Theorie zumindest klar. Aber wenn es auch in der Praxis so klar wäre, würde kein Chef sich so verhalten. Was genau macht Führungskräfte also blind für diese Bevormundung? Warum hören sie nicht einfach auf damit?

Egospiel

Wenn der Chef die Aufgaben seiner Mitarbeiter übernimmt, verhält er sich nicht wie ein Chef, sondern wie der beste Mann im Team. Der Ingenieur mit dem Händchen für clevere Lösungen. Der Techniker, der am Laufgeräusch erkennt, welcher Filter im Gerät flattert. Der Sachbearbeiter, der jeden Exotenfall schon mal erlebt hat. Der Programmierer, der jede Eigenheit der Software kennt und zum Vorteil nutzen kann. Der Wirtschaftsexperte, der genau weiß, wie das Business läuft. Das Schlimme dabei: Er verhält sich nicht nur wie der beste Mann im Team. Er ist es auch wirklich.

Der Unternehmer hat die Firma gegründet, die das macht, was er am besten kann. Er hat sich das Unternehmenskonzept ausgedacht. Er hat die Dienstleistungen auf seine ihm wohlbekannten Kunden maßgeschneidert. Und er hat sich genau die passende Technik angeschafft. Und jetzt kommen diese Mitarbeiter, denen der Unternehmenszweck einfach nicht so am Herzen liegt wie ihm. Seine Mitarbeiter sind zwar gute Fachkräfte, aber nicht so motiviert wie er, um auf schnelle Erfolgserlebnisse verzichten zu können zugunsten langfristig wirkungsvoller Lösungen. Und dann haben sie auf dem Spezialgebiet genau dieses Betriebs noch wenig Erfahrung.

Für den Chef heißt das: In die Bresche springen, wenn es Probleme gibt. Weil er sie am effektivsten und produktivsten lösen kann. Weil er vermeiden will, dass die Mitarbeiter Fehler machen. Weil er die Kontrolle behalten will. Er tut es also für die Firma. Mit Blick auf die Ergebnisse. Um die Mitarbeitergehälter sicherzustellen. Oder?

Naja. Meine Erfahrung in der Zusammenarbeit mit Geschäftsführern zeigt: Die meisten Chefs haben noch eine andere Motivation fürs Selbermachen, die ihnen mal mehr, mal weniger bewusst ist: Sie tun es, weil es ihnen Spaß macht. Weil sie dabei in ihrem Element sind. Weil sie dann abends das Gefühl haben, etwas Sinnvolles geschafft zu haben.

Denn bei den anderen Aufgaben, die sie auch noch tun könnten, sieht es nicht ganz so rosig aus. Im stillen Kämmerlein sitzen und Strategien entwerfen, an der Organisationsstruktur des Unternehmens arbeiten, Regeln festlegen, die Mitarbeiter entwickeln oder mit anderen Unternehmern netzwerken – all diese Aufgaben haben kein klares, sofortiges, messbares Ergebnis. Die Früchte kommen schon, aber nicht am selben Abend. Auch nicht in derselben Woche. Sie sind auch nicht so dringend wie die Rettung eines Großprojekts vor dem Scheitern. Vor allem aber: Bei diesen Aufgaben ist der Geschäftsführer noch Anfänger. Sie fallen ihm schwer, und er macht immer wieder Fehler. Deswegen ist es für ihn so verlockend, sich auf die Rolle als bester Mann im Team zurückzuziehen. Angenehmer fürs Ego. Aus den Tätigkeiten, die er traumwandlerisch beherrscht, kann er mehr Selbstbestätigung ziehen als aus denjenigen, die er erst lernen muss.

Das tun, was Sie gut können, statt das, was Sie sollten – damit leisten Sie Ihrem Unternehmen keinen Dienst. Wenn der Chef jede schwierige Aufgabe an sich reißt, hat er bald eine 80-Stunden-Woche und ist so gestresst, dass er selber anfängt, dumme Fehler zu machen. Die Aufgaben erledigt er letztendlich auch nicht mehr besser als die Mitarbeiter. Mit einem einzigen Unterschied: Die Mitarbeiter würden sich mit der Zeit verbessern, weil sie in ihren Aufgabenbereich hineinwachsen. Und da sind wir schon beim Meta-Problem: Stagnation auf allen Gebieten. Keine Weiterentwicklung. Weder fürs Unternehmen noch fürs Personal.

Wenn der Chef im operativen Geschäft mitmischt, statt seine Unternehmeraufgaben wahrzunehmen, haben unerfahrene Mitarbeiter weder den Anreiz noch die Möglichkeit, dazuzulernen. Qualifizierte Mitarbeiter sind frustriert, weil der Chef ihnen nichts zutraut, und gehen. Oder sie schalten zwei Gänge zurück ins Mittelmaß.

Aber das ist nicht alles. Auch der Chef entwickelt sich nicht. Vor lauter Alltagsgeschäft hat er gar keine Zeit, vom Anfänger-Chef zum echten Menschenführer zu werden. Er bleibt der kompetenteste Mitarbeiter im Team. Aber er wird nicht zum kompetenten Unternehmer. Seine eigenen Aufgaben bleiben unerledigt. Selbst wenn man nicht sofort merkt, dass sie unter den Tisch fallen: Auf Dauer fehlt die Führung, das Unternehmen steuert in den Abgrund.

Wenn der Chef stark operativ tätig ist, kann das Unternehmen nur so viele Aufträge annehmen, wie er noch im Auge behalten kann. Das setzt dem Wachstum Grenzen. Kein Mensch kann mehr als zehn Mitarbeiter direkt führen. Für alles Weitere braucht es eine Zwischen-Hierarchiestufe. Die bevormundeten Mitarbeiter können aber keine Gruppenleiterfähigkeiten entwickeln – und der Chef vertraut ihnen sowieso nicht genug, um ihnen diesen Posten zu übertragen.

Was also kann der Chef tun? Wie kann er diese Abwärtsspirale unterbrechen? Die Antwort liegt auf der Hand: Indem er seinen Mitarbeitern vertraut. Indem er Verantwortung tatsächlich abgibt. Indem er sie ihren Arbeitsbereich selbstverantwortlich organisieren lässt. Ganze Bücherregale erklären, wie das geht. Im Arbeitsalltag ist das dann aber doch nicht so einfach.

Überforderung

Didüdidüdit! Das Handy-Display zeigt die Telefonnummer des Chefs. »Hallo, Herr Hauser, ein dringender Auftrag: Bei der Firma paint tech ist die Belüftungsanlage ausgefallen. Ich übergebe Ihnen den Fall und verlasse mich voll auf Sie. Reparieren Sie die bitte so schnell wie möglich?«

»Geht klar«, sagt Uwe Hauser und will noch eine Frage nachschieben; bevor er aber noch etwas sagen kann, hat der Chef schon aufgelegt.

Hauser überschlägt seinen Zeitplan. Heute hat er noch fünf Wartungstermine, damit ist der Tag voll. Morgen früh wird er gleich um halb acht bei paint tech nach dem Rechten sehen.

Vier Stunden später ist der Chef erneut am Apparat: »Wo bleiben Sie denn? Ich hatte gerade den dritten Anruf von paint tech.«

»Ich bin gerade bei Mayer, der Wartungstermin steht schon seit einem halben Jahr. Und dann … «

»Wartungstermine?«, fällt ihm der Chef ins Wort. »Die können Sie nun wirklich verschieben. Bei paint tech steht die komplette Farbproduktion still, solange die Lüftung nicht tut! Haben Sie denn keine Ahnung, was wichtig ist?«

Manchmal geht das Delegieren fürchterlich schief. Der Mitarbeiter plant zwar seine Arbeit selbst, aber nicht so, wie der Unternehmer das gerne hätte. Ich rede jetzt nicht nur davon, dass ein Mitarbeiter sich anders organisiert, als man selbst das tun würde. Das ist zwar im ersten Moment irritierend. Aber wenn das Ergebnis stimmt, ist es sogar erfrischend.

Nicht damit leben kann der Chef, wenn die Resultate zu wünschen übrig lassen. Wenn die Prioritäten falsch gesetzt werden oder der Mitarbeiter eine so umständliche Organisation wählt, dass er die Arbeiten nicht mehr in der nötigen Zeit oder Qualität schafft.

Für den Chef ist es dann sehr verlockend, zu sagen: »Die Mitarbeiter bekommen das selbstverantwortliche Arbeiten nicht hin. Ich habe es versucht, aber es funktioniert nicht. Sie sind damit überfordert. Also muss ich ihnen doch ständig über die Schulter schauen und wichtige Aufgaben selbst erledigen.« Und schon schlägt das Pendel wieder zurück von der Ermächtigung der Mitarbeiter zur Bevormundung.

Aber Moment: Wie sieht das Ganze aus der Sicht der Mitarbeiter aus?

Nach der Zurechtweisung durch den Chef fragt sich Uwe Hauser: »Warum hat mir der Chef denn nicht gesagt, dass die Lüftung für paint tech so wichtig ist? Ich dachte, mit ›so schnell wie möglich‹ meint er, so schnell, wie es mit Rücksicht auf meine anderen Termine möglich ist.«

Wenn eine Aufgabe hastig delegiert wird, kann es schon mal passieren, dass wichtige Informationen unter den Tisch fallen. Es wird nur das Nötigste besprochen. Und das Nötigste ist oft das Oberflächliche: Welcher Kunde, welches Projekt, was muss dort gemacht werden, wie ist der Zeitrahmen und das Budget. Damit der Mitarbeiter die Aufgabe aber richtig angehen kann, mit dem richtigen Fokus und sinnvoller Prioritätensetzung, braucht er auch Hintergrund-Infos: Was ist der Sinn, das Ziel dieser Aktion? Geht es um den Umsatz hier und jetzt, um Kundenbindung, um das Entwickeln neuer Unternehmenswege für die Zukunft? Welche anderen Bereiche, Projekte, Mitarbeiter, Kunden sind davon betroffen? Was hängt vom Erfolg der Aufgabe ab? Ist es nur ärgerlich oder eine Vollkatastrophe, wenn Zeitrahmen und Budget gesprengt werden?

Der Chef hält es nicht für nötig, diese Details groß auszubreiten, weil sie für ihn selbstverständlich sind. Aber für die Mitarbeiter nicht. Sie haben ja nicht den Überblick über das gesamte Unternehmen.

Klar: Kein Vorgesetzter kann bei jeder Aufgabe, die er delegiert, einen umfassenden Vortrag halten. »Ich will nicht genauso viel Zeit mit der Übergabe verbringen, wie der Job selbst braucht«, denken Sie vielleicht. Nachvollziehbar. Aber manchmal kontraproduktiv.

Der Chef, der von seinen Mitarbeitern komplette Selbstständigkeit erwartet, ist wie ein Radfahrer, der sich im 21. Gang den Berg hochquält. Langsam, aber mit voller Kraft tritt er in die Pedale: mit geringer Drehzahl und hohem Drehmoment. Wenn das Fahrrad nicht davor schon in Schwung war, kann die Gangschaltung diese Energie nicht in Bewegung umsetzen. Das Material wird durch das hohe Drehmoment zu stark belastet: Im Ritzel brechen einzelne Zacken ab.

Natürlich darf der Aufwand des Delegierens den Aufwand der eigentlichen Aufgabe nicht überschreiten. Aber Übergaben dürfen auch nicht zwischen Tür und Angel passieren. Sonst stehen die Mitarbeiter vor der Aufgabe, Entscheidungen auf einer wackligen Informationsbasis zu treffen. So entstehen verheerende Fehler, die mit viel Zeitaufwand ausgeglichen werden müssen. Und der Mitarbeiter macht die Erfahrung, dass er sich nur Ärger einhandelt, wenn er versucht, Aufgaben selbstbestimmt zu erledigen. Der Vorgesetzte hat zwar gesagt »Machen Sie es, wie Sie es für richtig halten«, hatte aber im Hinterkopf eine recht genaue Vorstellung vom gewünschten Ergebnis und vom Weg dahin. Wenn das real davon abweicht, gibt es Stunk. Deswegen achtet der Mitarbeiter nach mehreren vermasselten Aktionen darauf, nur noch Minimalversionen und Kompromisslösungen abzuliefern. Die sind zwar nicht toll, aber gegen die kann niemand etwas haben. Am liebsten vermeidet er solche selbstständigen Aufgaben ganz.

Machen Sie sich klar: Wenn Sie bisher viel eingegriffen haben, müssen Ihre Mitarbeiter das selbständige Arbeiten erst mal üben. Wer nicht weiß, welche Informationen er braucht, fragt vielleicht erst einen oder zwei Tage später nach. Wer noch nicht viele Entscheidungen selbst getroffen hat, ist unsicher. Das erhöht die Fehlerquote. Wer keine Erfahrung mit der Prioritätensetzung hat, besitzt noch kein Messwerkzeug dafür, was wichtig ist und was nur dringend. Daher lässt er sich von eiligen Nebensächlichkeiten ablenken. Und: Wer Verantwortung nicht gewohnt ist, traut sich nicht so recht, irgendjemanden zu enttäuschen. Zum Beispiel einen Termin abzusagen, um einen wichtigeren durchzuziehen. Oder einem Kunden zu sagen, dass seine Bestellung erst in vier Wochen geliefert werden kann. So entstehen Fehler aus Gefälligkeit.

Selbstständig zu arbeiten braucht Erfahrungen, Wissen und Selbstbewusstsein. Diese drei Qualifikationen können Mitarbeiter noch nicht haben, wenn der Chef gerade eben erst seinen Führungsstil umgestellt hat. Kein Wunder, dass sie überfordert sind. Kein Wunder, dass manchmal etwas daneben geht. Das heißt aber nicht, dass sie unfähig sind. Es heißt nur, dass sie noch Übung brauchen. Dabei kann schon mal etwas schiefgehen.

Warum Hinfallen Sie weiterbringt

Ein Kind, das laufen lernt, fällt andauernd hin. Da es noch klein und nahe am Boden ist und außerdem mit Windeln gut gepolstert, passiert dabei nicht viel. Das Kind verzieht kurz das Gesicht, steht auf und tapst weiter. Bei einem Unternehmen steht da schon mehr auf dem Spiel.

Bei einem großen Konzern ist ein neuer Manager eingestellt worden. Er sprudelt vor Ideen, was man alles anders und besser machen könnte, und geht auch gleich an deren Umsetzung. Eine Million Dollar investiert er in die Entwicklung einer Produktsparte, von der er sich den Zukunftsmarkt verspricht.

Die Initiative floppt. Das Produkt verkauft sich einfach nicht. Mit hängenden Schultern geht der Manager zum Konzernchef. »Jetzt werden Sie mich wohl entlassen.«

Der Konzernchef sieht ihn scharf an: »Sind Sie verrückt? Das wäre das Unwirtschaftlichste, was ich tun könnte. Ich habe gerade eine Million Dollar in Ihre Ausbildung investiert!«

Nur wer Fehler machen darf, kann auch lernen. Es muss ja nicht der Millionen-Dollar-Fehler sein. Sie selbst können am besten beurteilen, was Ihr Unternehmen noch verkraftet und was nicht. Entsprechend teilen Sie den Mitarbeitern solche Aufgaben zu, an denen sie sich, wenn es schiefgeht, maximal die Finger verbrennen können. Aber nicht das ganze Haus in Brand stecken.

Und wenn Sie nicht gleich merken, dass der Mitarbeiter dabei ist, einen Fehler zu machen? Schließlich haben Sie sich gerade vorgenommen, ihm nicht ständig über die Schulter zu schauen. Da kann es passieren, dass er eine verrückte Idee, einen ungeschickten Lösungsweg durchzieht. Mit Folgen: Der Umsatz sinkt. Oder Investitionen werden ins All geschossen. Oder das Unternehmen verliert wichtige Kunden. Oder Geräte gehen kaputt.

Ja, dieses Risiko besteht. Es ist sogar wahrscheinlich, dass Sie erst einmal Lehrgeld bezahlen, wenn Sie Ihren Mitarbeitern mehr zutrauen als bisher. Aber das Lehrgeld zahlt sich aus. Das zeigt die Hockeyschläger-Kurve.

Hockeyschläger-Kurve

Vielleicht kennen Sie die Kurve aus Klimadiagrammen: Die Durchschnittstemperatur ging seit dem Mittelalter langsam nach unten; um 1900 drehte sich die Tendenz, seither steigt die Temperatur gewaltig an. Lange und gemütlich nach unten, kurz und steil nach oben. Wie Griff und Schlagfläche bei einem Hockeystick.

Um Phänomene im Finanzwesen zu erklären, hat man den Hockeyschläger umgedreht: Schlagfläche nach vorne. Das heißt: Nach einer Investition, einer Umstrukturierung – oder der Entscheidung zu mehr Mitarbeiterverantwortung – gibt es in einem Unternehmen eine kurze Phase, in der es leicht bergab geht. Aber dann! Dann kommt der lange, steile Aufstieg …

Der Knackpunkt ist: Dieses Wachstum bekommen Sie nur, wenn Sie auch den Rückgang zuvor in Kauf nehmen. Sie müssen also zuerst investieren, um später die Früchte zu ernten. Ohne diese Investition stagniert alles.

Damit Sie, Ihre Mitarbeiter und Ihr Unternehmen sich weiterentwickeln, müssen Sie also Verantwortung abgeben. Und zwar das richtige Maß an Verantwortung. Das ist bei jedem Mitarbeiter unterschiedlich. Genauso wie das Lerntempo, die Geschwindigkeit, in der Sie die Anforderungen hochschrauben können.

Wenn bei einem Fahrrad das Drehmoment nicht gut von den Pedalen auf die Straße übertragen wird, liegt das nicht immer am Ritzelpaket der Gangschaltung. Auch nicht an der Tretkraft des Fahrers. Es liegt daran, dass nicht der richtige Gang eingelegt ist.

Ihre Aufgabe als Chef ist es, für Ihr Unternehmen den richtigen Gang zu finden. Das genau richtige Drehmoment, mit dem Sie Ihre Mitarbeiter weder unter- noch überfordern. Bei dem es keine Reibungsverluste gibt. Sondern bei dem Sie, nach einer kurzen Aufwärmphase, so richtig Schwung gewinnen können und der Drahtesel abzischt, als hätten Sie einen Hilfsmotor.

Die perfekte Passung erreichen Sie in drei Schritten: Eine Vision entwickeln, die Vision auf konkrete Ziele herunterbrechen, und die Mitarbeiter ihren eigenen Weg gehen lassen.

Schritt eins: Den Leitstern vor Augen halten

In einer mittelalterlichen Stadt kommt ein Passant an einer Baustelle vorbei, wo drei Steinmetze eifrig bei der Arbeit sind. Er fragt sie, was sie da machen.

Der erste sagt: »Ich behaue einen Stein.«

Der zweite sagt: »Ich verdiene den Lebensunterhalt für meine Familie.«

Der dritte sagt: »Ich baue mit an einem Dom.«

Der dritte Steinmetz hat eine Vision, er denkt an den übergeordneten Sinn seiner Arbeit. Ich bin mir sicher: Die von ihm gearbeiteten Wasserspeier und Kreuzblumen sind schöner, kreativer und besser aufs Gesamtkonzept des Doms abgestimmt als die Produkte seiner beiden Kollegen.

Wenn die Mitarbeiter verantwortlich handeln sollen, müssen sie wissen, worin ihre Verantwortung besteht. Damit meine ich nicht nur: »Sie kümmern sich um die Verträge!« oder »Sie sind in der Abteilung der Ersthelfer und verantwortlich dafür, dass der Verbandskasten immer gut bestückt ist.« Die Mitarbeiter müssen den Sinn ihrer Arbeit sehen. Den Sinn des Unternehmens. Nur dann können sie ihre selbstständige Arbeit auf diesen Leitstern hin ausrichten. Je klarer die Mission des

Unternehmens ist, und je besser sich die Mitarbeiter damit identifizieren können, desto treffsicherer können sie Entscheidungen fällen. Und desto engagierter sind sie bei der Sache.

Mit dem Zweck des Unternehmens meine ich nicht: »Wir verkaufen Befestigungsstangen für Lastwagen und Kleintransporter«, sondern: »Wir machen Transport sicher.« Nicht »Wir entwickeln Marketingstrategien für Web 2.0«, sondern »Wir bringen Unternehmen in Kontakt mit ihren Kunden und helfen ihnen, zukunftsfähig zu werden«. Ein übergeordneter Sinn, der über das unmittelbare materielle Produkt oder die konkrete Dienstleistung hinausgeht.

Auch wenn Sie nicht ein solches Jahrhundertprojekt vorhaben wie einen Dombau: Ein tieferer Sinn der Arbeit kann auch in alltäglicheren Bereichen liegen. In allem, was Menschen den Alltag erleichtert. In allem, was das Leben ein bisschen besser, angenehmer, sicherer, gesünder, länger macht, der nächsten Generation Chancen eröffnet et cetera.

Der Sinn, die Mission des Unternehmens, ist der Nutzen, den es seinen Kunden liefert. Dieser Sinn ist der Leitstern, den ein Unternehmer seinen Mitarbeitern voranstellt. Es ist die Vision, die es ihnen ermöglicht, jeden Tag aufs Neue ihr Bestes zu geben.

Eine Vision ist zum Beispiel das, was Bill Gates 1975 erträumte: »In jedem Haus, auf jedem Schreibtisch soll ein PC stehen.« 1975 waren Computer schrankgroß, nur große Institute und Firmen konnten sich überhaupt einen leisten. Bill Gates' Vorstellung war tollkühn. Natürlich gab es bei Microsoft etliche Leute, die gesagt haben: Der ist verrückt, das schaffen wir nie. Von diesen Leuten hat sich Gates getrennt. Die anderen wussten, worauf sie hinauswollten, und haben richtig Gas gegeben. Und heute? Haben in den Industrieländern zwei Drittel der Haushalte mindestens einen PC.

Eine Vision ist zum Beispiel: Wir helfen Menschen, die an Krebs leiden. Die konkrete Tätigkeit ist dann, Medikamente gegen Krebs zu entwickeln. Wer die Vision im Auge behält und nicht nur die Medikamente, der ist vor der Versuchung bewahrt, Medikamente zu machen, die außer Geld nichts bringen.

Eine Vision ist zum Beispiel auch: Wir bringen Lebensgenuss auf den Tisch. Der Lebensmittelladen, der dieses Leitbild hat, wird einen anderen Kundenservice, andere Produkte anbieten als einer, der nur die Verbraucher versorgen will.

Und was ist die Vision Ihres Unternehmens? Wenn sie Ihnen nicht sofort einfällt, dann wird eines dieser Szenarien auf Sie zutreffen:

Das Vakuum

Sie haben keine Vision. Das ist zwar unwahrscheinlich, denn ohne Vision wird man kaum Unternehmer, aber möglich. Vielleicht haben Sie den Betrieb von jemandem übernommen, der mal eine Vision hatte, die Sie aber nicht teilen.

Das Problem: Ohne eigene Vision können Sie sich nicht weiterentwickeln. Und das Unternehmen schon gar nicht.

Der Wolkenhimmel

Sie hatten einmal eine Vision, sind voller Elan und Ideen und mit einem klaren Leitstern an die Unternehmensleitung gegangen. Aber inzwischen nehmen die täglichen Pflichten Sie so sehr gefangen, dass Sie kaum noch Zeit haben, zum Horizont zu schauen. Vor lauter Wolken haben Sie Ihren Leitstern aus den Augen verloren.

Das Problem: Sie wissen nicht mehr, ob Sie noch auf dem richtigen Weg sind. Es wäre nötig, den Blick zu heben und Ihren alten Leitstern wiederzufinden. Vielleicht stellen Sie dabei auch fest, dass manche Elemente Ihrer alten Vision inzwischen undurchführbar sind oder sich das Ziel verändert hat. In diesem Fall brauchen Sie einen neuen Leitstern.

Die Straßenlaterne

Sie haben ein Ziel statt einer Vision. Das erkennen Sie daran, dass die vermeintliche Vision bei näherer Prüfung mehr dem Unternehmen dient als den Kunden. »Unsere Vision ist es, um 10 Prozent zu wachsen« oder »30 Prozent Marktanteil«. Oder, wenn das Geschäft schlecht läuft: »Wir wollen als Unternehmen überleben.« »Wir bieten Arbeitsplätze.« Solche gewinnorientierten Ziele sind eher Straßenlampen als Leitsterne.

Ich will Gewinnorientierung nicht schlechtmachen. Natürlich muss ein Unternehmen Gewinn erwirtschaften, sonst überlebt es nicht. Aber: Wenn das alles wäre, worauf es Ihnen ankommt, würden Sie Ihr Kapital in Aktienfonds investieren und sich zurücklehnen. Dann gäbe es das Unternehmen gar nicht. Manchen ist das nicht mehr bewusst, sie halten den Gewinn für den Zweck, obwohl er nur ein Mittel ist. Sie halten eine weit entfernte Straßenlaterne für einen Leitstern – aber wenn sie erreicht ist, stellt sich heraus, dass es eben doch nur ein Punkt am Weg war.

Das Problem: Mit Marktmacht und Umsatz können Sie weder Mitarbeiter noch Kunden begeistern.

Der Weiße Zwerg

Sie haben eine Vision; Ihnen selbst ist völlig klar, was der höhere Sinn Ihres Unternehmens ist. Einmal jährlich auf der Firmenweihnachtsfeier sprechen Sie feierlich davon.

Das Problem: Ihre Mitarbeiter denken in diesem Moment nur: »Wann ist die langweilige Rede endlich vorbei?« Ihre große Vision tun sie als

Gesülze ab und vergessen sie so schnell wie möglich wieder. Völlig verständlich, wenn sie im Alltag nicht auftaucht. Kurz gesagt: Sie kommunizieren die Vision nicht oft genug, nicht klar genug, nicht begeistert genug. Sie leben sie nicht vor. Daher bleiben es leere Worte. Ohne Auswirkung auf das tägliche Handeln Ihrer Mitarbeiter. Sie bieten keine Entscheidungshilfe, keine Richtschnur. Ihr Weißer Zwerg hat zu wenig Leuchtkraft, als dass ihn auch andere sehen und zur Orientierung nutzen könnten. (*Anm. d. Red.: Als Weißer Zwerg wird in der Astronomie ein Stern mit nur geringer Leuchtkraft bezeichnet.*)

Wenn Sie feststellen, dass Sie nur Vakuum, Wolkenhimmel, eine Straßenlaterne oder einen Weißen Zwerg haben, dann wird es dringend Zeit, dass Sie eine zugkräftige Vision entwickeln und sie Ihren Mitarbeitern und Kunden nahebringen. Aber Vorsicht: Außer der Zugkraft braucht Ihre Vision noch ein paar weitere Merkmale.

US-Präsident Kennedy hat 1961 die Vision formuliert: Bis Ende des Jahrzehnts bringen wir einen Menschen auf den Mond. Damals herrschte ein heißer Wettkampf zwischen den USA und der UdSSR, wer in der Raumfahrt die größten Erfolge vorzuweisen hatte. Jahrelang hatte die Sowjetunion die Nase vorn: Sie schoss den ersten Satelliten ins All, dann das erste Lebewesen, einen Hund, dann den ersten Menschen. Die USA brauchten dringend einen Erfolg. Da kam Präsident Kennedy mit der Vision von der Mondlandung. Die Ingenieure der NASA waren begeistert. Ganz Amerika war begeistert. Sogar die Steuerzahler, die die Mondlandung finanzieren sollten, waren begeistert. In das Unternehmen wurde richtig viel Geld und Anstrengung investiert. Und es klappte. 1969 war es soweit, Neil Armstrong und Edwin Aldrin betraten den Mond. Riesenjubel! Und dann? Dann war die Luft draußen. Eine neue Vision gab es nicht, und seitdem dümpelte die US-Raumfahrt vor sich hin.

Deswegen sind Visionen besonders dann wertvoll, wenn sie kein Enddatum haben. Sonst verlieren sie mit Erreichen von Datum X oder Kennzahl Y schlagartig ihre Zugkraft. Visionen müssen zwangsläufig unkonkret sein. Das hat Präsident Kennedy nicht beachtet.

Was kennzeichnet eine gute Vision?

➤ Sie drückt den Kundennutzen aus

➤ Sie beinhaltet einen Mehrwert für die Gesellschaft, z. B. in sozialer oder ökologischer Form

➤ Sie begeistert die Mitarbeiter und gibt ihnen Energie

➤ Sie gibt eine Richtung vor, aber keine Details

➤ Sie ist zeitlich nicht fixiert

Wie entwickeln Sie eine gute Vision?

1. Nehmen Sie sich eine Auszeit. Im Alltagsgeschäft bekommen Sie den Kopf nicht frei. Schließen Sie sich also für zwei Tage in Ihr Zimmer ein.

2. Überlegen Sie sich: Für welche Kunden will ich da sein? Für welche nicht?

3. Welche Probleme und Wünsche haben diese Wunschkunden? Wie können Sie ihnen helfen, ihre Probleme zu lösen, die Wünsche zu erfüllen? Malen Sie sich möglichst genau aus: Wie sieht das Produkt oder die Dienstleistung aus, das oder die ich meinen Kunden biete? Welchen Nutzen haben sie davon? Löse ich damit eines ihrer entscheidenden Probleme, erfülle ich ihnen einen sehnlichen Wunsch?

4. Schreiben Sie Ihre Ergebnisse auf. Das schriftliche Fixieren zwingt Sie, Ihre Vision möglichst konkret zu machen.

5. Orientieren Sie sich bei konkreten Business-Entscheidungen an Ihrer Vision. Trägt das, was Sie gerade planen, zur Verwirklichung der Vision bei oder leitet es vom Weg ab? Halten Sie sich an die Vision, auch wenn es mal weh tut: Wenn sie Investitionen erfordert, Sie auf ein lukratives Geschäftsfeld oder auf zahlkräftige Kunden verzichten müssen.

6. Kommunizieren Sie Ihre Vision! Auch dabei hilft Ihnen die schriftliche Fixierung. Sprechen Sie mit den Mitarbeitern darüber. Nicht nur bei der Betriebsweihnachtsfeier, sondern bei jeder Gelegenheit. Zeigen Sie die Begeisterung, die Sie dafür empfinden. Und zeigen Sie, dass Sie tatsächlich Ihre Geschäftsentscheidungen daran orientieren.

Turbo-Tipp: Zugkräftige Visionen

Eine Vision ist dann besonders zugkräftig, wenn Sie sie mit Ihrer eigenen Biografie verknüpfen können.

Mahatma Gandhi hatte als junger Rechtsanwalt in Südafrika ein einschneidendes Erlebnis: Bei einer Bahnfahrt wollte ein weißer Südafrikaner das Erste-Klasse-Abteil nicht mit ihm, dem Inder, teilen; der Schaffner verwies Gandhi in die dritte Klasse. Als Gandhi auf sein Erste-Klasse-Ticket verwies und sich weigerte zu gehen, stieß ihn der Schaffner beim nächsten Halt aus dem Zug. So erlebte Gandhi rassistische Unterdrückung am eigenen Leib. Dagegen wollte er etwas unternehmen. Dieses Erlebnis markierte den Beginn seines gewaltlosen Kampfs für die Befreiung Indiens.

Gerade bei inhabergeführten Unternehmen – also eher Mittelständlern – funktioniert diese Art »Gründungsmythos« sehr gut. Natürlich nur, wenn die Geschichte tatsächlich stattgefunden und ein echtes persönliches Anliegen ausgelöst hat. Zum Beispiel, wenn ein naher Angehöriger des Unternehmers an Krebs stirbt, und dieser dann seinen Pharmakonzern auf die Produktion von Krebsmedikamenten ausrichtet. Oder wenn ein Musikfan ein CD-Label gründet. Das ist glaubwürdig. Davor ziehen Menschen den Hut – und schließen sich an, wenn sie das Anliegen teilen.

Schritt zwei: Vom Leitstern zum Routenplaner

Eine Vision ist wie der Horizont. Mit jedem Schritt, den Sie darauf zugehen, weicht er einen Schritt zurück. Die Vision lässt Sie immer weitergehen.

In einem Unternehmen kann man aber nicht nur mit weit entfernten und ungenauen Zielen arbeiten. Wenn Sie Ihren Mitarbeitern mit

Träumen kommen, wie »Krebskranken helfen« oder »Lebensgenuss ermöglichen«, ernten Sie wahrscheinlich ratlose Blicke. Und den Kommentar: »Toll, aber was heißt das für mich?« Weil die Vision zu allgemein formuliert ist, kann man aus ihr keine konkreten Handlungsweisen ableiten. Deshalb muss aus der Vision ein konkretes, sozusagen auf der Erde verankertes Ziel abgeleitet werden. Eins mit festen Koordinaten, bei dem der Unternehmer überprüfen kann, ob man ihm näher gekommen ist oder nicht.

Leiten Sie aus Ihrer Vision also ein konkretes, überprüfbares Ziel ab und definieren Sie Etappenziele dorthin! Wie das im Einzelnen aussehen kann, verdeutlicht das folgende Beispiel:

> Mit seinem 20-Mann-Unternehmen hat Robert bisher Mikrofone und Verstärker entwickelt und verkauft. Dann gab es eine neuartige technische Entwicklung: ein Mikrofon mit Neurokopplung. Robert hat das auf einer Messe gesehen und war begeistert von den neuen Möglichkeiten, die diese Technik bietet. Bald hat er für sein Unternehmen eine neue Vision entwickelt:
>
> »Wir machen, dass Taube wieder hören können!« Mit anderen Worten: Er will Hörgeräte entwickeln, die auch völlig gehörlosen Menschen das Hören ermöglichen. Bisherige Geräte verstärkten ja nur die Resthörfähigkeit.
>
> Eine großartige Vision. Aber wie kann Robert sie Realität werden lassen? Dazu entwickelt er zunächst drei Hauptziele:
>
> ➤ In sechs Monaten kommen wir mit der ersten Version eines auf Neurobasis funktionierenden Hörgeräts auf den Markt.
>
> ➤ Ebenfalls in drei Monaten entwickeln wir ein Konzept, wie es mit unserer Mikrofonsparte weitergeht und wie wir die Entwicklung der Hörgeräte finanzieren.
>
> ➤ In drei Jahren macht das Unternehmen 90 Prozent seines Umsatzes im Bereich Hörgeräte.

> Diese drei Hauptziele bricht er anschließend im Gespräch mit den Mitarbeitern auf konkrete Maßnahmen herunter. Zum Beispiel erstellt er mit der Entwicklungsabteilung ein Konzept, wie die erste Version des Hörgeräts in sechs Monaten bis zur Marktreife geführt werden kann. Mit Vertrieb und Marketing erarbeitet er, wie das Unternehmen in den Markt der Hörgeräte kommt. Mit den Abteilungen Vertrieb und Finanzen erstellt er einen Budgetplan für den Umbau der Firma.

Um aus Ihrer Vision konkrete Ziele zu formulieren, gehen Sie also folgendermaßen vor:

1. Setzen Sie Teilschritte zur Erreichung Ihrer Vision fest.

2. Ordnen Sie den Teilschritten konkrete Daten zu, wann Sie sie erreichen wollen. Am besten formulieren Sie für jedes Jahr ein grobes Ziel.

3. Dann besprechen Sie das Ganze mit Ihren Mitarbeitern. Wenn Einwände kommen, überlegen Sie, ob da etwas dran ist.

4. Laden Sie die Mitarbeiter ein, gemeinsam mit Ihnen eine Strategie zu entwickeln, wie das Unternehmen diese Ziele erreichen kann.

5. Entwickeln Sie für die einzelnen Unternehmensbereiche jeweils vier bis fünf eigene Ziele.

> **Überprüfbare Ziele sind SMART**
>
> Ziele sind nur dann als Management-Tool brauchbar, wenn sie so konkret und überprüfbar wie möglich formuliert sind. Dafür gibt es die Kurzformel »SMART«. Ein Ziel muss »Spezifisch, Messbar, Akzeptiert, Realistisch, Terminierbar« sein. Das heißt: Es muss konkret und eindeutig formuliert sein; ob es erreicht wurde, muss messbar sein; es muss so sein, dass die Mitarbeiter es akzeptieren und für sich übernehmen können; es muss realistisch, also erreichbar sein; und es muss mit einem konkreten Zeitpunkt terminiert werden.

Schritt drei: Die Mitarbeiter ihren Weg gehen lassen

Bei Unternehmen A bricht ein Feuer in der Produktionshalle aus. In kurzen Abständen rufen drei Mitarbeiter beim Chef an: »Chef, die Produktion brennt! Was sollen wir bloß tun?«

Bei Unternehmen B bricht ein Feuer in der Produktionshalle aus. Ein Mitarbeiter ruft den Chef an: »Chef, in der Produktionshalle brennt die Maschinenstraße 2. Ich habe die Feuerwehr gerufen. Jetzt ist meine Frage: Sollen wir die Sprinkleranlage einschalten oder nicht? Wenn wir es tun, ruinieren wir die Materialien im Tageslager, aber wir haben eine Chance, die Maschinenstraße 1 zu retten. Wenn wir den Sprinkler auslassen, greift das Feuer vielleicht über. Ich denke, wir sollten den Sprinkler anschalten, das Risiko ist sonst zu hoch. Was meinen Sie?«

Welche Sorte Mitarbeiter wollen Sie haben? Die Frage ist leicht zu beantworten. Klar ist aber: Sie kriegen solche Mitarbeiter wie in Unternehmen B nicht, indem Sie in Ihren Stellenanzeigen nach Mitarbeitern mit Eigenverantwortung und Initiative suchen. Jedenfalls nicht nur. Solche Leute bekommen Sie, indem Sie den Mitarbeitern Freiraum für Eigenverantwortung und Initiative lassen. Indem Sie Verantwortung übertragen und Ihre Mitarbeiter in deren Entwicklung stärken.

Dazu müssen Sie erst einmal entscheiden, welche Aufgaben Sie delegieren wollen. Bei welchen das überhaupt möglich ist.

Da gibt es ein Ranking. Facharbeiten und Routineaufgaben *müssen* Sie delegieren: Angebote prüfen, mit Kunden telefonieren, Mailanfragen beantworten. Managementaufgaben *können* Sie delegieren. Dazu gehört zum Beispiel die Entscheidung, wer an welchem Projekt arbeitet, oder welcher Auftrag zuerst bearbeitet wird. Das kann auch der Produktionsleiter entscheiden. Das hängt von der Größe Ihres Unternehmens ab. Unternehmeraufgaben *dürfen* Sie aber *nicht* delegieren.

Diese Pyramide gilt für die planbaren Aufgaben. Bei den nicht planbaren sieht es ein bisschen anders aus. In Krisen ist Delegieren oft schon aus Zeitgründen unmöglich. Wenn die Hütte brennt, müssen Sie in die Direktive verfallen, das geht nicht anders. Zum Beispiel: Drei große Aufträge stehen ins Haus, da verschluckt sich eine der beiden Produktionsmaschinen an einem Kleinteil. Sie müssen entscheiden, welcher der Aufträge zurückgestellt wird, bis sie repariert ist. Oder: Bei Ihrem Prestigeprodukt stellen sich kurz vor dem Launch technische Mängel heraus. Sie müssen entscheiden, ob es mit Sonderschichten möglich ist, zum ursprünglichen Termin zu liefern, ob die Auslieferung zurückgestellt wird oder ob es erst einmal eine abgespeckte Version tut.

Sobald aber das akute Problem beseitigt ist, delegieren Sie wieder. Und benennen am besten einen Verantwortlichen, der im Fall weiterer solcher Krisen zuständig ist. Den »Projekt-Priorisierer« zum Beispiel. Oder die »Kundenbeschwichtigerin«.

Wenn Sie wissen, was Sie delegieren wollen, müssen Sie entscheiden, an wen. Sie kennen Ihre Mitarbeiter am besten und wissen, was Sie wem zutrauen können.

Vorsicht bei Teamprojekten und allgemeinen Aufgaben! »Für dieses Projekt sind Herr Maier von der EDV und Frau Müller vom Kundendienst zuständig«, oder »Achten Sie alle darauf, dass die Kaffeeküche sauber ist« – das ist keine gute Lösung. Wenn für einen bestimmten Bereich mehrere Personen verantwortlich sind, fühlt sich keiner wirklich zuständig. Und Sie werden Zustände bekommen, wenn Sie das Ergebnis sehen. Deswegen ist es wichtig, für jede Aufgabe, jeden Bereich einen einzigen Verantwortlichen zu benennen. Das schließt nicht aus, dass Aufgaben zu zweit oder im Team erledigt werden. Im Team ist aber immer einer verantwortlich, der dann manche Aufgaben weiterdelegieren kann. Das soll keine internen Hierarchien schaffen; es dient nur der Klarheit. Zu wissen, wer den Hut aufhat.

Wenn Sie festgelegt haben, wer wofür verantwortlich ist, geht es ans Delegieren. Das ist nicht eben mal schnell nebenher erledigt. Damit den verantwortlichen Mitarbeitern das Ziel klar vor Augen steht und sie ihren eigenen Weg dorthin gehen können, gehen Sie beim Delegieren so vor:

1. Fragen Sie, ob der Mitarbeiter die Aufgabe übernehmen will.

2. Wenn nicht: Fragen Sie nach den Gründen und bieten Sie Unterstützung an. Vielleicht braucht der Mitarbeiter erst mal eine Fortbildung. Leisten Sie Überzeugungsarbeit.

3. Geben Sie dem Mitarbeiter alle Informationen, die er braucht. Dazu gehören besonders: das Ziel der Aufgabe, der Zeitrahmen, das Budget, wer daran beteiligt und wer vom Ergebnis betroffen ist.

4. Lassen Sie sich das vom Mitarbeiter in seinen eigenen Worten zusammenfassen. So können Sie überprüfen, ob bei ihm auch das angekommen ist, was Sie meinen.

5. Geben Sie dem Mitarbeiter Gelegenheit für Fragen – auch während das Projekt läuft.

6. Fordern Sie den Mitarbeiter auf, seine eigene Strategie zu entwickeln. Wenn er nicht gleich Ideen hat, geben Sie ihm Zeit, welche zu entwickeln. Besprechen Sie diese Strategie mit ihm. Selbst wenn Sie es anders machen würden: Sagen Sie nicht gleich Nein, sondern überlegen Sie erst, ob seine Strategie nicht auch zum Ziel führt. Wenn ja, soll er sie anwenden. Vielleicht ist seine Idee ja sogar besser als Ihre eigene. Zumindest aber wird er motivierter sein, wenn er seinen eigenen Plan verfolgen darf.

7. Wenn seine Strategie nicht zum Ziel führt, zerfetzen Sie den Plan nicht, sondern zeigen dem Mitarbeiter mit Fragen die Schwachstellen auf und lassen ihn selbst Alternativen entwickeln.

8. Legen Sie Zwischenziele fest, abhängig von den Fähigkeiten des Mitarbeiters. Bei manchen genügt als Milestone das Endziel, andere brauchen kleinteilige Zwischenschritte.

9. Machen Sie Zeitpunkte aus, an denen der Projektstand besprochen wird; zum Beispiel einmal pro Monat. In der Zwischenzeit kontrollieren Sie den Mitarbeiter nicht, schauen ihm nicht ständig über die Schulter. Indem Sie ihn bis zum vereinbarten Termin in Ruhe lassen, signalisieren Sie ihm, dass Sie ihm vertrauen.

10. Der Mitarbeiter soll sich selbst kontrollieren, selbst einen Überblick behalten über die Zusagen, die er Ihnen gegeben hat. Wie er das macht, ist egal: mit Excel-Tabellen, im Kopf, mit Fresszetteln, mit Projektmanagement-System… Manche Mitarbeiter können gut den Überblick bewahren, andere brauchen Unterstützung. Eine Schulung in Projektmanagement-Systemen, verbindliche Milestones, eine Besprechung, wenn etwas schiefgelaufen ist, …

11. Wenn das Projekt abgeschlossen ist: Machen Sie eine ausführliche Nachbesprechung! Was ist gut gelaufen, was weniger, was lassen sich für Erkenntnisse auf andere Projekte übertragen. Das ist sehr wertvoll, für Sie, für den Mitarbeiter, für das Unternehmen.

Turbo-Tipp: Vorsicht vor Rückdelegierung

»Chef, nur ganz kurz. Bei dem Projekt xy ist das und das Problem aufgetreten. Da haben Sie doch so viel Erfahrung, können Sie mir da einen Tipp geben, was ich machen soll?«

Gerade wenn Mitarbeiter sich noch unsicher fühlen, versuchen sie oft, die Verantwortung an Sie zurückzudelegieren. Psychologisch geschickt überrumpelt der Mitarbeiter Sie mit Zeitknappheit und Schmeicheleien.

Lassen Sie sich trotzdem nicht dazu verleiten, schnell mal eben eine Lösung vorzugeben! Damit landet die Verantwortung wieder bei Ihnen, und die Mitarbeiter kommen in Zukunft ständig. Verweigern Sie solche Rückdelegierungen.

> Stattdessen sagen Sie zum Mitarbeiter: »Jetzt geht es gerade nicht. Kommen Sie in einer halben Stunde in mein Büro und bringen Sie drei Lösungsvorschläge mit.« Dann ist die Verantwortung wieder bei ihm.
>
> Wenn er keine Entscheidungsvollmacht hat, wählen Sie aus seinen Vorschlägen den sinnvollsten aus. Wenn er aber Entscheidungsvollmacht hat und sich nur um die Verantwortung drücken wollte, dann stellen Sie ihm nur Fragen zu den Vor- und Nachteilen der verschiedenen Varianten und sagen am Ende: »Das ist Ihr Projekt, also entscheiden Sie selbst.«

Wenn Sie konsequent so vorgehen, werden Ihre Mitarbeiter immer selbstständiger. Sie selbst entwickeln sich als Chef weiter, und das Unternehmen kann wachsen. Sie entlasten sich von ganz viel Alltagsstress. Kurz gesagt: Sie haben die richtige Passung gefunden! Ihre Kraft wird optimal auf das Unternehmen übertragen. Alle Energie, die Sie aufwenden, wird in Bewegung übersetzt. Volle Kraft voraus!

Kurz und bündig

➤ Hüten Sie sich davor, Ihre Mitarbeiter ständig zu kontrollieren und alles vorzugeben. Sonst werden sie unselbstständig.

➤ Übernehmen Sie nicht die Aufgaben der Mitarbeiter, sondern lernen Sie, Ihre Chef-Aufgaben immer besser zu erfüllen.

➤ Überfordern Sie Ihre Mitarbeiter nicht, indem Sie ihnen ungewohnte Aufgaben ohne die nötigen Informationen delegieren.

➤ Passen Sie Ihr Drehmoment optimal an Ihr Unternehmen an: Delegieren Sie jedem Mitarbeiter Aufgaben, die ihn fordern, aber nicht überfordern.

➤ Entwickeln Sie eine Vision für Ihr Unternehmen: Welchen Nutzen bietet Ihr Unternehmen den Kunden? Diese Vision hilft den Mitarbeitern, Prioritäten zu setzen und begeistert bei der Sache zu sein.

➤ Brechen Sie diese Vision auf konkrete Ziele und Strategien herunter.

➤ Delegieren Sie sorgfältig. Achten Sie darauf, alle nötigen Informationen zu geben.

➤ Definieren Sie das Ziel und überlassen Sie dem Mitarbeiter die Wahl des Wegs.

➤ Akzeptieren Sie es nicht, wenn Mitarbeiter Verantwortung an Sie zurückdelegieren wollen.

Kapitel 2
Selbst die Gehaltserhöhung hat nichts gebracht!

Warum Sie Ihre Mitarbeiter mit äußeren Anreizen nicht motivieren können

Wälzlager: Maschinenelement, das der Lagerung von Wellen und Achsen dient. Es ist in fast jedem Gerät mit rotierenden Elementen enthalten – von mikrofeinen Zahnarztbohrern über PKWs bis hin zu schweren Walzgerüsten in Stahlwerken. Ein Wälzlager verbindet zwei zueinander bewegliche Komponenten, Innenring und Außenring, mittels Wälzkörpern (z. B. Kugeln oder Rollen). Für den optimalen Betrieb muss das Wälzlager mit Fett oder Öl geschmiert werden. Fehlt der Schmierstoff, haben die metallischen Bauteile direkten Kontakt. Durch die massive Reibung kann das Lager binnen kurzer Zeit zerstört werden. Wird wiederum zu viel Schmierstoff eingebracht, behindert das die Kühlung. Das Lager kann überhitzen, was seine Lebensdauer stark verkürzt.

Blocker-Team

Anfang Februar, außerordentliche Sitzung bei einem mittelständischen Pharmaunternehmen. »Ich weiß nicht mehr, ob ich es Ihnen schon gesagt habe, mein Kalender hat mich gerade daran erinnert: In zwei Monaten ist in Hannover ja die Nova-Cura-Messe!«, sagt Mark Reimann, der Chef. »Das wäre doch die Gelegenheit, um mit dem neu entwickelten CanceroClog-Wirkstoff auf uns aufmerksam zu machen – und unserem eigentlichen Zweck, den Krebs weltweit zu besiegen, ein gutes

Stück näher zu kommen.« Seine Augen leuchten. Er wendet sich an die Laborleiterin: »Frau Dr. Siebert, schaffen Sie bis dahin einen Petrischalen-Prototyp zur Demonstration mit Beamer?«

Die Laborleiterin runzelt die Stirn. Ihr Kollege, Fachlaborant Möller, unterdrückt ein schnaubendes Lachen. »Bis April? Sorry, Chef …« Der Laborant zögert. »Dafür bräuchten wir mindestens vier Monate, eher länger.« – »Unter einem Vierteljahr ist absolut nichts zu machen«, fällt ihm Dr. Siebert ins Wort. »Außerdem haben wir derzeit die große Nervenzell-Versuchsreihe laufen. Dass mal eben etwas völlig Neues gewünscht wird, hätten Sie spätestens im November anmelden müssen!« – »Warum informieren Sie uns auch erst jetzt?«, ergänzt Möller. »Das steht ja noch gar nicht in den Zielvereinbarungen! Dafür aber die Neuro-Studie. Und die frisst unsere ganze Arbeitszeit. Für die Petri-Demo wären Überstunden ohne Ende nötig.« – »Also frühestens Ende Mai, Chef«, prognostiziert Dr. Siebert, »das wäre das Allerschnellste.«

Mittlerweile kann Reimann seine Ungeduld und Verärgerung kaum noch verbergen. »Ende Mai?«, schnappt er. »Die Nova Cura findet Mitte April statt. Wenn Sie's bis dahin nicht schaffen, dann vergessen Sie's gleich!«

Gängige Maßnahme, um aus den Mitarbeitern größere Leistung, mehr Kreativität und mehr Selbstständigkeit herauszukitzeln, ist es, ihnen eine attraktive Belohnung in Aussicht zu stellen. Frei nach dem Motto: Leg dich mehr ins Zeug, dann kriegst du etwas Handfestes dafür zurück! Ganz ähnlich wie ein Bauer, der seinem Zugtier die Möhre vors Maul hält, um es vom Fleck zu bewegen.

Konkret sieht das so aus: Anfang des Jahres, wenn der Chef die Unternehmensziele festlegt, bricht er diese herunter, vereinbart persönliche Ziele mit den Mitarbeitern und knüpft an die Erreichung besonderer Ziele Bonuszahlungen. Oder der Chef lässt Sachwerte springen – in Relation zu Grundgehalt und Status des Mitarbeiters. Ein Laptop zusätzlich zum Desktop-PC. Ein Blackberry-Smartphone zusätzlich zum Laptop. Ein Audi A6 statt einem A4 als Firmenwagen.

Diese »Mohrrüben-Strategie« funktioniert aber nicht nur mit materiellen Versprechen. Die Belohnungen, auf die Vorgesetzte zurückgreifen, können auch verbal sein. Manche Chefs loben ihre Leute in den Himmel – sogar für noch nicht erbrachte Leistungen. Präventive Schmeichelei kann bizarre Blüten treiben. Ich habe tatsächlich Firmenchefs erlebt, die sich für den nächsten Montagmorgen im Kalender notieren:

»9 – 9.30 Uhr: Hr. Meyer, Fr. Wagner und Fr. Oehlke loben.«

Ob solche Chefs ein Gespür für die eigene Ehrlichkeit besitzen – geschweige denn für das Empfinden der Mitarbeiter –, ist zumindest fraglich.

»Der kann mir hier erzählen, wie toll der Kaffee heute schmeckt, so lang er will«, denkt sich Frau Oehlke befremdet. »Wasser, Pulver und Maschine sind dieselben wie letzte Woche auch. Was will er eigentlich von mir? Ich weiß nicht, irgendwie traue ich dem nicht.«

Lob kommt nur dann gut an, wenn es etwas zu loben gibt. Wenn Ihre Frau vom Stylisten zurückkommt, ist es stimmig, ihre Frisur zu loben. Sofern Sie diese tatsächlich gelungen finden. Lob funktioniert aber nicht als präventiver Motivator. Wenn Sie Komplimente verteilen, nur um sich selbst einen Vorteil zu verschaffen – also aus taktischen Gründen –, sind Sie unglaubwürdig. Ihr Gegenüber spürt die Unehrlichkeit.

Wie ist es aber mit den »Mohrrüben«, die berechtigt sind? Wenn ein Mitarbeiter tatsächlich die angekündigte Leistung erbracht hat, ist es doch folgerichtig, ihn zu loben – oder mit Bonuszahlungen zu belohnen. Oder?

Eine leistungsabhängige Entlohnung scheint sogar die einzig faire Lösung zu sein. Die »Zugpferde« des Betriebs tragen mehr zum Erfolg des Unternehmens bei als die »Mitläufer«, die nur das Nötigste tun. Also ist es nur fair, wenn Leistungsträger auch entsprechend bezahlt werden. Andernfalls bräuchten sich leistungsschwächere Mitarbeiter kaum anzustrengen. Sie würden vom unermüdlichen Einsatz ihrer Kollegen profitieren, sich von ihnen durchfüttern lassen. Sobald die Leistungsstarken die Schieflage erkannt haben, werden sie diese Unfairness beenden – und sich einen anderen Arbeitgeber suchen. Das kann doch nicht in Ihrem Sinne sein!

Also tun Sie das, was in jedem Großkonzern gang und gäbe ist, und was in jedem zweiten Führungsratgeber steht: Sie bieten für besondere Leistungen auch besondere Belohnungen an. So wie ich in meiner ersten Karriere.

Nach der Promotion gründete ich ein Unternehmen, das ich fünf Jahre später an einen großen deutschen Industriekonzern verkaufte. Ich wurde angestellter Geschäftsführer, bezog selber ein variables Gehalt, und auch meine Mitarbeiter wurden leistungsbezogen, also mit variablen Gehaltsanteilen bezahlt. Anfangs war ich als Teil des Systems davon überzeugt, dass diese Art der Entlohnung fair und richtig ist: Schließlich wird ja niemand benachteiligt, und niemand verdient am Erfolg seines Kollegen mit. Doch irgendwann wandelte sich meine Einstellung.

Alles fing damit an, dass die Zielvereinbarungsgespräche immer anstrengender wurden. Hatte ich mitten im Jahr eine Idee für die Weiterentwicklung unseres Bereichs, so verging mir immer öfter die Begeisterung darüber, wenn ich sie meinen Mitarbeitern vorstellte. Die typische Reaktion auf jegliche innovative Idee war nämlich keineswegs Zustimmung oder Elan. Sondern es wurde immer öfter abgeblockt.

Ein völlig neues Projekt? – »Keine Kapazitäten beim Personal!«

Ein verbindliches Etappenziel zum Quartalsschluss? – »In der kurzen Zeit? Total undenkbar!«

Umverteilung ähnlicher Arbeitsbereiche? – »Sie sind gut, Chef! Wie soll das denn gehen?«

Strukturelle Neuerungen? – »Im laufenden Betrieb? Ausgeschlossen!«

Verblüffend, welche Kreativität die Mitarbeiter plötzlich aufbrachten, wenn es darum ging, mir zu erklären, dass und warum etwas nicht machbar war. Hier schien das Potenzial meines Teams zu selbstständiger Lösungsfindung geradezu unerschöpflich zu sein. In einem anderen Bereich dagegen ließen die Mitarbeiter diese eigene Denkleistung jedoch immer mehr vermissen: Wenn es darum ging, ihrem Chef Lösungsvorschläge zu unterbreiten. Das neue Projekt aktiv mitzuplanen und passende Ideen vorzubringen. Das Etappenziel zu justieren, oder einen alternativen Termin zu nennen. Im Wechsel des Arbeitsbereichs keine Schikane, sondern Abwechslung und Erweiterung des eigenen Horizonts zu sehen. Den Wandel der Unternehmensstruktur als Chance zu begreifen und aktiv mitzugestalten, anstatt davor die Augen zu verschließen.

Lag es an mir? War ich einfach nicht in der Lage, meine Ideen anderen schmackhaft zu machen? Unwahrscheinlich, denn vor der Übernahme durch den Konzern hatte es fast immer funktioniert. Etwas anderes stimmte mich noch nachdenklich: Nicht nur meine Mitarbeiter mauerten. Diese Anti-Haltung bei der Justierung der Ziele war eine Konstante bei allen Unternehmerkollegen und Führungskräften, die ich kannte. Sie alle bestätigten mir: Oft genug verlassen beide Parteien, Mitarbeiter und Chefs, abgekämpft und missgelaunt den Raum. Und das, obwohl die Machbarkeit der Ziele in bester Weise ausgelotet wurde. Nein, es konnte nicht an mir liegen. Der Fehler war eindeutig systemimmanent.

Orientalisches Flair

Was passiert denn eigentlich bei diesen für alle »anstrengenden« Gesprächen? Wer genau hinschaut, erkennt ein Muster.

Der Chef hat eine tolle neue Idee und erhofft sich Zuspruch. Die Mitarbeiter haben aber fest vereinbarte Ziele, die sie einhalten wollen. Sie denken: Wenn ich auf die Schnapsidee des Chefs einsteige, schaffe ich mein Ziel nicht. Dabei ist das Ziel doch wichtig – sonst gibt es keinen Bonus. Also versucht jeder so konditionierte Mitarbeiter seine bisherigen Ziele zu verteidigen. Stuft der Chef die neue Idee als wichtiger ein als die alte, dann erwartet der Mitarbeiter, dass es dafür dann auch eine Bonuszahlung gibt. Sonst steht er schlechter da, als wenn er beim alten Ziel bleiben würde.

Es folgt eine Verhandlung, in der der Mitarbeiter seine persönlichen Ziele stetig nach unten korrigiert. Will der Chef als Gegenleistung für 20 Prozent mehr Umsatz einen Gehaltsbonus von 20 Prozent vereinbaren, blockt der Mitarbeiter ab und stellt für denselben Bonus höchstens 10 Prozent Steigerung in Aussicht. Schafft er dann doch 15 Prozent Steigerung, kann er nachträglich einen höheren Bonus einfordern. Aber für den Fall, dass er »nur« 10 Prozent schafft, ist er auf der sicheren Seite.

Kein vernünftiger Mitarbeiter lässt sich freiwillig etwas in seine Zielvereinbarung hineinschreiben, was an sich schon sportlich anmutet – wovon ihn die Erfahrung lehrt, dass es völlig utopisch ist. Und unfair, zumal er sich womöglich abrackert, dabei nichts oder wenig falsch macht und am Ende unverschuldet doch das Ziel verfehlt.

Weil der Chef das Spiel schon kennt, sind die 20 Prozent Umsatzsteigerung, also sein Wunsch, von vornherein etwas optimistisch gemessen. Er hat ja die Erfahrung gemacht, dass immer das Gefeilsche losgeht – und hat vorgesorgt.

Das Problem: Jedes Zielgespräch verkommt so zur Gehaltsverhandlung. Zu einer grotesken Situation, die eher an einen Basar erinnert als an ein Wirtschaftsunternehmen, wo alle an einem Strang ziehen. Das Besprechungszimmer ist wie ein orientalischer Markt, wo die Chefs Leistungen verschachern und Mitarbeiter um die lockende Belohnung feilschen – wobei der Gegenwert, die vereinbarten Ziele, vom Leistungsanspruch her astronomisch hoch angesetzt sind.

Die Mitarbeiter ahnen, dass sie den vorgeschlagenen Zielen niemals gerecht werden können – und mauern. Der Chef weiß, dass die Mitarbeiter mauern – und schlägt unrealistische Ziele vor. Nach langem Hin und Her trifft man sich irgendwo in der Mitte. Aber richtig zufrieden ist keiner. Es bleibt immer ein bitterer Nachgeschmack. Und die Frage: Wer von den Parteien kommt eigentlich gut weg – und wer ist derjenige, der bei diesem Kampf über den Tisch gezogen wurde? Fairness scheint bei diesem Tauziehen nicht mehr gegeben zu sein.

Und damit sind wir beim eigentlichen Problem: Wer Mitarbeiter mit der Aussicht auf Boni, Prämien oder Beförderungen motivieren will, behandelt sie tatsächlich unfair. Überlegen Sie nur: Mit Bonuszahlungen belohnen Sie Ihre Mitarbeiter für eine Leistung. Eine Leistung, deren Entlohnung allerdings schon geregelt ist – durch das Grundgehalt. Der Arbeitsvertrag zwischen Chef und Mitarbeiter besiegelt die Verpflichtung, dass jeder seiner Aufgabe zu 100 Prozent nachkommen wird. Der Mitarbeiter wird sich zu 100 Prozent einsetzen und der Chef wird zu 100 Prozent das vereinbarte Gehalt bezahlen. Wenn Sie aber für eine bereits entlohnte Leistung eine Zusatzzahlung vereinbaren, heißt es, Sie gehen davon aus, dass Ihr Mitarbeiter – trotz Vereinbarung – nicht den vollen Einsatz gibt. Sie verdächtigen ihn, dass er sein Versprechen nicht einhält. Gleichzeitig zahlen Sie doppelt für die gleiche Leistung. Und das soll fair sein?

Nein, das ist für beide Seiten unfair. Und für die Mitarbeiter auch noch demotivierend. Wird mitten im Jahr, zum Beispiel bei einem außergewöhnlichen Teamerfolg, ein Bonus an alle ausgeschüttet, fühlen sich diejenigen, die sich angestrengt und engagiert haben, im Vergleich zu denen, die ihre Arbeit locker nehmen oder sogar schleifen lassen, unfair behandelt. Zu Recht.

Auf den Punkt gebracht

Die Kopplung von Zielen und Gehältern ist kontraproduktiv, denn:

➤ Sie führt zu zeitraubenden Verhandlungen und erbitterter Feilscherei

➤ Sie verstößt gegen die Interessen des Mitarbeiters, indem sie seine Eigenständigkeit einschränkt und vertragliche Regelungen unterläuft

➤ Sie ist unfair

➤ Sie wirkt zwangsläufig demotivierend

Die Arbeit mit Bonuszahlungen kann also demotivieren, aber offensichtlich nicht langfristig motivieren. Sobald das eigene Gehalt eines Mitarbeiters von Zielen abhängig gemacht wird, scheint er generell nicht mehr bereit, über höhere, anspruchsvollere Ziele auch nur nachzudenken.

Und man kann es ihm nicht einmal verübeln! Er wurde durch das System eben so programmiert. Aber wie genau heißt dieses System? Und welcher Denkfehler liegt hier zugrunde?

Was wirklich motiviert

Das System nennt sich »extrinsische Motivation«. Mit anderen Worten die Arbeit mit äußerer Belohnung oder Strafe: dem Esel die Karotte vor die Nase zu halten, um ihn zu motivieren, die Last zu tragen, oder ihn mit dem Stock zu schlagen, wenn er nicht weiterlaufen will; dem Mitarbeiter für die Erfüllung der Aufgaben mehr Geld in Aussicht zu stellen oder eine Strafe anzudrohen, falls er nicht pünktlich zur Arbeit kommt. Bei Eseln und anderen Tieren liefern diese Maßnahmen zuverlässige Ergebnisse. Und bei Menschen?

»Schau an«, staunt Reimann, »seit der sonst so verschlossene Möller den Blackberry hat, geht er richtig aus sich raus. Kommuniziert mehr.

Gibt aussagekräftigeres Feedback, auch im Gespräch. Das hat sich gelohnt!«

Schießt die Leistungskurve eines vor Kurzem belohnten Mitarbeiters plötzlich in die Höhe, sehen sich die meisten Chefs in ihrer Vorgehensweise bestätigt. Aber nach einer Weile werden sie bitter enttäuscht. Denn extrinsische Motivationsschübe sind nur von kurzer Dauer. Im schlimmsten – und leider sehr wahrscheinlichen – Fall sind die auf Blackberry-Basis vereinbarten Ziele spätestens nach vier Wochen vergessen; und im Laufe des Jahres liefern Ihre Mitarbeiter exakt dieselbe Leistung ab, die Sie auch ohne den äußeren, extrinsischen Motivationsschub von ihnen erwartet und erhalten hätten. Oder sogar noch geringere Leistung. Die Kurve fällt genauso steil wieder ab, wie sie angestiegen ist.

Der Knackpunkt ist: Man kann Menschen grundsätzlich nicht langfristig motivieren. Entweder sie sind aus sich heraus, also intrinsisch, motiviert – oder sie sind es nicht. Mehr »hineinzubuttern« bringt nicht zwangsläufig mehr Leistungseffekt. Anders gesagt: Extrinsische Motivation, also Motivation in Form von äußeren Anreizen, ist Unfug. Sie bewirkt wenig bis gar nichts.

Aus Ingenieurssicht funktioniert die Zusammenarbeit im Unternehmen vergleichbar einem Wälzlager. Das Unternehmen ist der rotierende Außenring. Die Person an der Spitze ist der feststehende Innenring. Die Mitarbeiter um ihn herum sind die Wälzkörper, und das Fett zwischen den Wälzkörpern entspricht dem angemessenen, üblichen Gehalt, das den Mitarbeitern eines Unternehmens ihrer Position gemäß ausgezahlt wird.

Zusätzliche materielle und immaterielle Belohnungen sind wie zu viel Schmierfett, das der Ingenieur zwischen Wälzkörper und Ringelemente einbringt. Das Mehr an Fett verdrängt Luft, die Kühlungsbedingungen verschlechtern sich. Dadurch überhitzt sich das Wälzlager im Betrieb – und es kommt zu vorzeitigem Verschleiß.

Sprich: Mehr Anreize bringen nicht mehr Leistung. Im Gegenteil. Sie bringen das an sich gut funktionierende System zum Kippen. Denn wer intrinsisch motiviert ist, eine bestimmte Tätigkeit auszufüllen, wird sie ohnehin nach bestem Wissen und Gewissen ausfüllen. Er wird alles geben, was er zu geben hat. Nicht für das Geld, das am Ende des Monats auf sein Konto fließt, sondern für die Sache. Weil die Arbeit ihn erfüllt.

Mehr noch: Ein Mitarbeiter, dem an seiner Arbeit gelegen ist, wird sich nicht nur voll dafür einsetzen, sondern auch Frustration wegstecken. Denn er weiß: Er arbeitet für einen guten Zweck. Der Zweck, die Mission des Unternehmens, ist nämlich auch sein persönliches Ziel.

Am besten lässt sich dieser Zusammenhang anhand der Bedürfnispyramide des amerikanischen Psychologen Abraham Maslow erklären. Sie ordnet Bedürfnisse, die Menschen haben, und Motivationen, die sie antreiben, auf einer fünfstufigen Skala an.

Die Maslow'sche Bedürfnispyramide

➤ Die Basis: Körperliches Wohlbefinden und ökonomische Grundbedürfnisse. Klar, darüber will sich niemand Sorgen machen müssen.

➤ Sicherheitsbedürfnisse, z. B. in Form eines festen Wohnsitzes. Zusammen mit der Basis wird dieses Bedürfnis durch das bezogene Gehalt befriedigt. Wer Geld für seine Arbeit bekommt, braucht sich also über die ersten beiden Bedürfniskategorien kaum Gedanken zu machen.

➤ Soziale Bedürfnisse. Dies beinhaltet, Teil einer Gruppe zu sein, beachtet zu werden und mit anderen Gruppenmitgliedern zu interagieren. Das können z. B. nette Kollegen in einem Unternehmen sein. Stimmt das Betriebsklima, ist alles ok.

➤ Individuelle Bedürfnisse (Lob, Anerkennung). Wer arbeitet, ist dankbar für positives Feedback aus seinem Arbeitsumfeld. Zusammen mit Punkt 3 kann dieser Aspekt bis zu einem gewissen Grad motivierend wirken. Wenn beides – im umgekehrten Fall – ausbleibt, ist dies für den Mitarbeiter schlicht demotivierend.

> ➤ **Die Spitze: Selbstverwirklichung. Idealistische Bedürfnisse. »Ich tue meine Arbeit, weil sie mir ein wichtiges Anliegen ist.« Sozusagen das höchste der Gefühle.**

Menschen, die sich auf einer der ersten vier Stufen befinden, lassen sich durchaus extrinsisch motivieren. Für eine Weile. Dann brauchen sie neue Anreize. Im fünften Bereich entsteht aber die intrinsische, das heißt dem Mitarbeiter eigene, von ihm »mitgebrachte« Motivation. Selbst wenn von den anderen vier Aspekten der Pyramide demotivierende Wirkung ausgeht – sei es wegen eines unsympathischen Kollegen oder zu gering empfundener Bezahlung –, so bleibt dieses Motivationspotenzial trotzdem erhalten. Weil man auf der Stufe der Selbstverwirklichung das, was man tut, auch wirklich tun will. Die Spitze der Pyramide kompensiert eventuell vorhandene Defizite in jedem der unteren Bereiche.

Mit anderen Worten: Mitarbeiter, die auf den Stufen 1 bis 4 der Pyramide stehen, sagen »Ich mache das, weil ich muss!« Mitarbeiter, die eine Arbeit machen, um sich selbst zu verwirklichen, sagen »Ich lege eine kleine Samstagsschicht ein, weil ich diese Arbeit noch in dieser Woche abschließen will!«

Steigern lässt sich diese Motivation nicht. Wer aber versucht, intrinsisch hochmotivierte Mitarbeiter mit äußeren Anreizen wie Boni zusätzlich herauszufordern, der kann das Engagement dieser Mitarbeiter mit einem Schlag zerstören. Eigentlich logisch: Jemand, der in seiner Arbeit seinen Lebensinhalt sieht – sich also auf Stufe fünf der Maslow'schen Bedürfnispyramide befindet –, den ziehen Sie durch extrinsische Motivatoren von der Pyramidenspitze auf die unteren Ebenen hinunter. Indirekt unterstellen Sie ihm, dass er sich nicht hundertprozentig mit seiner Aufgabe identifiziert. Für Mitarbeiter, die in ihrem Job richtig aufgehen, ist das die höchste Form der Beleidigung. Als Reaktion kann es sein, dass sie ihre Leistung unbewusst zurückfahren, nur weil ihr Chef ihnen diese Unterstellung gemacht hat – oder weil sie vermuten, dass der Chef womöglich weniger als sie selbst hinter dem Laden steht. Nach dem Motto: »Was ich hier leiste, das kann mir der Chef eh nicht mit Geld aufwiegen.« Die Arbeit solcher Menschen wird durch äußere Anreize keineswegs befeuert. Im Gegenteil, wie durch Studien belegt ist.

Studie: Einfluss extrinsischer Motivationsfaktoren auf die Leistung

In seinem Buch *Drive – was Sie wirklich motiviert* (2010) beschreibt Daniel H. Pink ein Experiment, das der amerikanische Psychologe und Verhaltensökonom Dan Ariely erstmals in Indien durchführte und später in den USA unter leicht veränderten Bedingungen noch zweimal wiederholte.

87 einheimische Teilnehmer wurden dazu aufgefordert, bestimmte Aufgaben zu lösen, die Geschicklichkeit und Konzentration erforderten (Tennisbälle auf ein Ziel werfen, Zahlen-Memory und Rahmen-Puzzle). Drei verschiedene Gruppen erhielten als Belohnung für herausragendes Abschneiden unterschiedlich hohe Geldsummen: einen Tageslohn, zwei Wochengehälter, fünf Monatsgehälter.

Das überraschende Ergebnis: Die mittlere Gruppe erbrachte weder bessere noch schlechtere Leistungen als die mit der geringsten Entlohnung. Die Gruppe, die den höchsten Lohn erhielt, schnitt sogar am schlechtesten ab.

Dan Ariely sagt dazu: »Bei acht von neun Aufgabenstellungen, die wir während der drei Experimente untersucht hatten, konnten wir feststellen, dass höhere Anreize zu schlechteren Leistungen führten!«

Nicht zuletzt schaden Sie mit zusätzlichen Anreizen für die Mitarbeiter Ihrem eigenen Unternehmen. Wer mit individuellen Extras »geködert« wird, wird automatisch auf seine Einzelleistung fokussiert. Das führt dazu, dass dieser Mitarbeiter irgendwann nur noch an sich denkt. Wie kann ich dafür sorgen, dass ich besser dastehe, statt: Wie kann ich dafür sorgen, dass das Unternehmen besser dasteht? Teamleistung gerät zugunsten des eigenen Vorteils aus dem Fokus. Der Mitarbeiter bringt sich um seinen Nutzen für das Unternehmen.

Extrinische Motivatoren sind also aus mehreren Gründen hochproblematisch:

➤ Zielvereinbarungsgespräche verkommen zu Gehaltsverhandlungen.

➤ Dies führt mittelfristig zu immer höheren Gehältern für dieselbe oder sogar weniger Leistung.

➤ Neue Ziele und innovative Entwicklungen werden im Keim erstickt, weil die Mitarbeiter abblocken. Ihre unternehmerische Vision bleibt langfristig auf der Strecke.

➤ Ihre Mitarbeiter fühlen sich gegeneinander ausgespielt. Das schadet auf Dauer dem Betriebsklima.

➤ Mit unangebrachtem bzw. unaufrichtigem Lob für Ihre Mitarbeiter machen Sie sich als Chef unglaubwürdig und beschädigen das allgemeine Vertrauen.

Wie lösen Sie nun das Dilemma? Sie ahnen es: Indem Sie aufhören, Ihre Mitarbeiter mit äußeren Anreizen zu motivieren und stattdessen den geeigneten Mitarbeiter an den passenden Platz setzen, indem Sie diese Mitarbeiter dann fair entlohnen, ihnen ihre Vision regelmäßig in Erinnerung rufen, und schließlich, indem Sie alle am Erfolg Ihres Unternehmens teilhaben lassen.

Schritt 1: Aufhören, mit Karotten zu winken

Mit den äußeren Anreizen ist es wie mit dem Rauchen: Am einfachsten hat es derjenige, der gar nicht erst damit anfängt. Denn sobald Sie das Mittel der Belohnung eingesetzt haben, um Ihre Mitarbeiter anzutreiben, können Sie nicht mehr so leicht zurückrudern.

Der klassische Fall ist der des Start-up-Unternehmers, der sich an der Best Practice der großen, erfolgreichen Firmen orientiert. Nach dem Motto: »Die sind ja nicht umsonst so mächtig geworden. Wenn sie mit

Bonuszahlungen arbeiten, werden die auch funktionieren. Ein Riese wie der Marktführer weiß ja, was er tut …«

Was junge Firmeninhaber jedoch vergessen: Großkonzerne liefern selten Innovationen. Sie kaufen sie sich, indem sie kleinere Firmen schlucken, die noch die Freiheiten haben, Risiken einzugehen und Neues auszuprobieren. Hat ein Unternehmen erst mal den Erfolg, die Größe und die wirschaftliche Macht eines Konzerns erlangt, bleiben nur noch sehr wenige, enge Segmente übrig, in denen das ursprüngliche Konzept noch aufgeht. Deshalb: Nichts wissen die Großen besser! Kein Geschäftsführer eines kleinen oder mittelständischen Unternehmens hat es nötig, sich im Hinblick auf Macht und Praktiken der »großen Fische« in Minderwertigkeitskomplexen zu ergehen – und sich deren gängige Praxis abzuschauen.

Aber viele orientieren sich eben am Benchmark und glauben mit Bonuszahlungen auf dem richtigen Weg zu sein. Durch den kurzfristigen positiven Effekt von Boni fühlen sich diese Chefs bestätigt und denken, dass ihre Strategie auch langfristig Früchte trägt. Es dauert seine Zeit, bis sich die verheerenden Folgen bemerkbar machen.

Und dann wird es haarig: Wenn der Chef überzogene Gehälter oder die erhöhte Ausschüttung von Sachwerten wieder zurückfahren will. Dann nämlich werden die Mitarbeiter sauer. Dadurch, dass ihm der erwartete Bonus auf einmal verweigert wird – etwa, weil das erhoffte, zum Blackberry passende LTE-Modem ausbleibt –, geht die Motivation des Einzelnen total in den Keller.

»Das Ding war doch versprochen! Wieso macht der Chef jetzt auf einmal 'nen Rückzieher?«, beklagt sich Fachlaborant Möller mittags in der Kantine. »Aber was soll's, dann brauch' ich mir ja wenigstens keinen Stress zu machen wegen der zweiten Beamer-Demo!«

Der Punkt ist der: Sie haben eine einzige Möglichkeit, das Spiel mit den »Karotten« zu beenden. Und die ist teuer. Damit Ihre Mitarbeiter sich nicht unfair behandelt fühlen, können Sie das System der Belohnung nur beenden, indem Sie das Grundgehalt jedes Mitarbeiters anheben. Und ihnen mitteilen, dass keine Boni mehr ausgezahlt werden. Denn bisher hat jeder in Ihrem Team mit den Zusatzzahlungen gerechnet. Diese zu streichen, entspräche aus der Sicht Ihrer Leute einer Gehaltskürzung.

Je nachdem, wie groß Ihr Team ist, kann diese Angelegenheit für Sie sehr teuer sein. Es kann sein, dass die Gehaltserhöhungen sich nicht sofort refinanzieren. Aber das ist der Preis, den Sie für die Fehlentscheidung zahlen müssen. Und je früher Sie ihn zahlen, desto kleiner wird er sein.

Schritt 2: Die richtigen Leute an den richtigen Platz setzen

Eines ist klar: Die Motivation Ihrer Mitarbeiter können Sie sich nicht erkaufen. Sie können aber die intrinsische Motivation, die jeder hat, wecken – indem Sie Ihren Mitarbeitern eine unternehmerische Vision anbieten, an die sie mit ihren Werten ankoppeln können. Denn letztlich geht es um Matching: Wenn die Ziele, Wünsche, Visionen Ihrer Leute zu Ihren Zielen, Wünschen und Visionen passen, dann ist die Voraussetzung erfüllt, um gemeinsam an einem Strang zu ziehen. Und zwar mit hundert Prozent Kraft und Engagement.

Entscheidend ist also, diejenigen Mitarbeiter zu finden, die an Ihre Unternehmensvision ankoppeln. Die genauso dafür brennen, den Krebs zu besiegen, die Kommunikation weltweit zu revolutionieren, für Gesundheit zu sorgen etc.

Deshalb ist Ihr wichtigstes Kriterium bei der Einstellung von neuem Personal nicht die Fachkompetenz, nicht die Arbeitserfahrung, und es sind auch nicht die Soft Skills. Kompetenzen lassen sich aneignen, vorausgesetzt, die Einstellung passt. Entscheidend ist, dass der Bewerber in der Tätigkeit, die Sie ihm anbieten, einen Sinn sieht. Nur dann wird er intrinsisch motiviert sein, mitzuarbeiten.

Wie finden Sie also heraus, ob ein Bewerber in Ihr Team passt? Indem Sie sich zuallererst folgende Fragen stellen:

➤ Verfolgt dieser Bewerber die gleichen Ziele wie wir?

➤ Hat er die gleichen Werte wie wir?

➤ Passt seine Einstellung zu uns und zu unserer Kultur?

Erst wenn Sie jede dieser drei Fragen eindeutig mit »Ja« beantworten können, sollten Sie den Kandidaten auf weitere Kriterien abklopfen.

Verlassen Sie sich dabei nicht nur auf sich selbst, sondern binden Sie zwei bis drei Mitarbeiter, denen Sie besonders vertrauen, in den Entscheidungsprozess ein. Hören Sie sich deren Argumente an. Hören Sie auf deren Bauchgefühl, und auf Ihr eigenes. Bei der Einstellung neuer Mitarbeiter habe ich als Geschäftsführer immer zwei Vertraute nach ihrer Meinung gefragt. Hatte nur einer von uns ein merkwürdiges, unerklärliches Gefühl, habe ich mich gegen den Bewerber entschieden. Denn einem fremden Menschen kann niemand in den Kopf schauen. Aber sobald eine Aussage Ihnen nicht stimmig vorkommt, sobald jemand nicht ganz ehrlich und authentisch auf Sie wirkt, sollten Sie lieber Vorsicht walten lassen.

Sie erkennen aber beispielsweise an der Art der Rückfragen, ob jemand nur am Gehalt interessiert ist oder Ihre Vision auch tatsächlich sein Interesse weckt. Selbst wenn viele Bewerber heutzutage auf genau solche Gesprächssituationen getrimmt sind, gibt es doch Nuancen, auf die Sie achten können. Die ein anderer, erfahrener Mitarbeiter – der auf andere Dinge achtet als Sie, und der an Ihre Vision voll angekoppelt ist – vielleicht erkennt, um Sie gegebenenfalls zu warnen. Ansonsten bleibt Ihnen noch die Probezeit, um zu reagieren. Und diese sollten Sie tatsächlich nutzen, um sicherzugehen, dass Sie die richtige Wahl getroffen haben.

Schritt 3: Die Vision immer wieder zeichnen

»Oh Gottogott! Ich habe in diesem Meeting bestimmt eine halbe Stunde über die Unternehmensvision gesprochen. Gefühlt zum hundertsten Mal. Irgendwann werden meine Leute denken, ich werde senil.«

So oder so ähnlich denkt jeder Geschäftsführer, der seine Kernaufgabe ernst nimmt. Fakt ist: Wenn Sie das Gefühl haben, Sie wiederholen sich so stark, dass Ihre Mitarbeiter die ersten Anzeichen von Alzheimer bei Ihnen vermuten könnten, dann sind Sie gerade einmal den halben Weg gegangen. Dann sind Sie im besten Fall bei 50 Prozent dessen, was nötig ist. Denn auf der Vision können Sie niemals lange genug herumreiten.

Ihre unternehmerische Vision müssen Sie immer und immer wieder kommunizieren. Ihre Hauptaufgabe als Chef besteht ja darin, Ihre Leute daran zu erinnern, wofür sie angetreten sind und wozu sie tun, was sie tun. Und einmal sagen reicht in diesem Fall nicht. Nicht weil Ihre Mitarbeiter intellektuell nicht auf der Höhe wären, sondern einfach, weil das Tagesgeschäft, ihre kleinteiligen Arbeiten, ihnen gar nicht erlauben, stets an das große Ganze zu denken. Das Sprechen über die Vision fängt beim Einstellungsgespräch an und muss immer wieder fortgesetzt werden.

Achten Sie bei neu hinzustoßendem Personal darauf, dass die Leute aufrichtig an Ihre Vision ankoppeln. Haben Sie bei einzelnen Mitarbeitern das Gefühl, dass diese Ihre Unternehmensziele nicht mit vollem Einsatz teilen, werben Sie für sich und Ihre Vision. Mittelfristig sollten Sie es schaffen, auch die anfangs reservierten, eher skeptischen Mitarbeiter für sich zu gewinnen.

Wenn Sie ein Unternehmen mit 100 Mitarbeitern übernehmen, das zwanzig Jahre lang autoritär geführt wurde, wird dies am Anfang schwierig sein. Dazu aufgefordert, mitzudenken und eigenständiger zu arbeiten, werden sich manche Leute rascher neu aufstellen und ankoppeln als andere. Einige werden widersprechen: »Das haben wir nicht gelernt!« Und die, die seit der Gründung mit dabei waren, werden sich insgeheim sagen: »Ja, auch das geht irgendwann vorbei.« Alte Hasen unter den Mitarbeitern sind wie die Zeiger einer auf zwölf stehengebliebenen Uhr. Mit viel Mühe und Geduld kriegen Sie sie auf zwei, vielleicht auch drei Uhr gestellt. Erwarten Sie nicht, sie auf sechs Uhr stellen zu können. Das werden Sie kaum schaffen.

Solange sich niemand als Störer entpuppt und ständig querschießt, lassen Sie den Mitarbeitern Zeit. Helfen Sie ihnen geduldig dabei, mehr und mehr an Ihre Vision anzukoppeln. Arbeitet man gegen Sie und sehen Sie Ihre Vision unter ständigem Beschuss, dann entfernen Sie den Störenfried. Jeder hat das Recht zu sagen: »Ist nicht meine Vision, da kann ich nicht dran ankoppeln.«

Ähnliches gilt, wenn Sie Ihr selbstgegründetes Unternehmen nach mehreren Jahren in eine neue Richtung lenken wollen. Als Sie noch zehn Mitarbeiter hatten, konnte jeder jederzeit direkt mit Ihnen sprechen. Jetzt haben Sie 65 Leute, da geht das schon rein zeitlich nicht mehr. Sie sind dabei, andere Prozesse einzuführen. Womöglich haben Sie eine neue, vielversprechendere Vision.

Turbo-Tipp: Ihre Vision verkaufen

In der Theorie identifiziert sich jeder mit der Unternehmensvision. Aber was bedeutet sie in der Praxis? Wie lebt man die Vision? Wie lässt sich jeden Tag auf sie hinarbeiten? An diesem Punkt brauchen die Mitarbeiter Ihre Hilfe. Sie müssen sich die Auswirkungen dieses Zielbildes konkret vorstellen können. Wie erreichen Sie das?

Fassen Sie sie für den Praktiker unter Ihren Mitarbeitern in einem Drei-Wort-Satz zusammen. Erläutern Sie sie geistreich dem eher intellektuell Angehauchten. Brechen Sie sie für den Ingenieur auf das Technische herunter. Finden Sie für die Individuen, deren Gesamtheit Ihr Unternehmen ausmacht, individuell passende Analogien.

Seien Sie sich nicht zu schade, die Menschen zu überzeugen von dem, was Sie für richtig halten – ohne sie zu überreden. Lassen

Sie sie daran ankoppeln wie Tender und Waggons an eine Lokomotive. Und seien Sie bereit, sich infrage stellen zu lassen und zu diskutieren. Auch wenn die Situation unbequem anmutet: Es ist besser, Wege zu einem Ziel gemeinsam mit den Mitarbeitern zu erarbeiten, als sie mit Trophäen darauf festzunageln.

Was tun Sie aber, wenn Sie – gerade bei Veränderungsprozessen – es nicht schaffen, alle Ihre Mitarbeiter auf den neuen Weg mitzunehmen? Dass einige auf der Strecke bleiben, damit müssen Sie rechnen. Vielleicht kommen Ihnen solche Aussagen zu Ohren: »War fein, als man noch jederzeit mit dem Chef direkt reden konnte. Aber das hier, das ist nicht mehr mein Laden!« Das ist in Ordnung. Dann ist es für beide Seiten am besten, sich zu trennen. Suchen Sie in solchen Fällen eine faire Lösung. Informieren Sie den Mitarbeiter, dass Sie keine Zukunft für ihn im Unternehmen sehen und unterstützen Sie ihn bei der Suche nach einem neuen Arbeitsplatz. So bleiben Sie fair bis zum Schluss.

Schritt 4: Anwalt des Deals sein

Inzwischen wissen Sie: Variable Gehälter zerstören die Motivation, die Ihre Mitarbeiter ohnehin mitbringen. Heißt das nun, dass jeder gleich viel verdienen muss?

Natürlich nicht! Ein Arbeitsvertrag ist ein Deal zwischen zwei Parteien: Mitarbeiter und Chef. Da wird Geld gegen Nutzen eingetauscht. Und der muss fair sein. Aber fair bedeutet nicht gleich.

Ihre Leute haben einen unterschiedlichen Erfahrungshorizont, unter schiedliche Fachkenntnisse, unterschiedliche Talente, und sie tragen in unterschiedlichem Maße zum Erfolg des Unternehmens bei. Also ist es nur fair, auch die Löhne unterschiedlich zu gestalten. Selbstverständlich muss es in Ihrem Betrieb Leute geben, die mehr verdienen als andere. Selbstverständlich werden Sie dann und wann Gehaltserhöhungen zuteilen. Das Entscheidende ist, dass beides nicht an bestimmte Zielvorstellungen gebunden sein darf. Umgekehrt dürfen Zielvereinbarungen nicht ans Gehalt gekoppelt sein.

Das bedeutet auch nicht, dass Sie keine Ziele mehr vereinbaren sollten. Gestalten Sie Ihre Unternehmensführung durchaus zielfokussiert, aber koppeln Sie diese Ziele nicht an die Gehälter Ihrer Mitarbeiter. Vereinbaren Sie stattdessen mit jedem Mitarbeiter ein Festgehalt, das mit seinem Nutzen für das Unternehmen korreliert und vertraglich festgelegt wird.

Wenn ein Mitarbeiter anhaltend gute Leistungen erbringt und damit seinen Nutzen für Ihren Betrieb stetig steigert, dann erhöhen Sie ab einem bestimmten Zeitpunkt sein Gehalt. Fällt die Leistungskurve eines Mitarbeiters dagegen immer weiter ab und verringert sich dauerhaft sein Nutzen, müssen Sie eine Trennung von diesem Mitarbeiter in Betracht ziehen. Bloßer »Dienst nach Vorschrift« muss so früh wie möglich thematisiert werden und, falls keine Änderung erzielt wird, Konsequenzen haben. Wie ein Obsthändler, der die faulen Äpfel aus seinen Marktkisten aussortiert. Denn Sie sind der Anwalt des Deals. Sie müssen für Gerechtigkeit sorgen.

Auch wenn Sie die Gehälter nicht offenlegen – gehen Sie davon aus, dass man unter Kollegen schon in etwa weiß, was der andere verdient. Deshalb: Seien Sie stets fair. Gestalten Sie die Gehälter so, dass Sie niemals das Gefühl haben, sich rechtfertigen zu müssen, falls die Zahlen auf einmal öffentlich bekannt würden. Scheuen Sie sich nicht, einem Mitarbeiter, den Sie billig eingekauft haben und der sich blendend entwickelt, das Gehalt nach oben anzupassen.

Turbo-Tipp: Stimmiges Gehalt

Gehaltsstrukturen müssen stimmig und plausibel begründbar sein. Zwei Kriterien sollten Sie bei der Gehaltsanpassung beachten:

➤ Orientieren Sie sich am Gesamtmarkt. Ein mittelständisches Unternehmen kann seinen Mitarbeitern selten genauso viel Gehalt bezahlen wie ein Großkonzern. Entspricht die Bezahlung

> aber dem durchschnittlichen Mittelfeld oder ist sie sogar höher, erachten die Mitarbeiter sie als fair.

> ➤ Orientieren Sie sich an der internen Gehaltsstruktur: Die Gehaltsstufen müssen auch innerhalb der Organisation sinnvoll abgetrennt sein. Wer mehr Nutzen für das Unternehmen bringt, sollte fairerweise auch ein höheres Gehalt bekommen.

Schritt 5: Einen Teil des Kuchens abgeben

Wer dafür belohnt wird, dass er vor seiner eigenen Haustür kehrt, wird nicht dafür sorgen, dass die ganze Straße sauber ist. Genauso ist es auch mit den Mitarbeitern: Mit zusätzlichen Bonuszahlungen, die an persönliche Ziele gekoppelt sind, fokussieren Sie Ihre Leute auf den eigenen Vorteil, nicht auf den Vorteil fürs Unternehmen. Er wird sich auf einen Teilaspekt seiner Arbeit beschränken. Höchstens seine eigene Effizienz optimieren. Langfristig nur noch um sich selbst kreisen. Aber nicht darum bemüht sein, im Sinne des Unternehmens zu handeln. Damit Ihre Leute also an das große Ganze denken, sollten Sie das Spiel mit den Boni beenden.

Gut, aber Sie wollen fair sein. Was tun Sie, wenn Ihre Mitarbeiter plötzlich einen Coup landen und den Umsatz innerhalb kurzer Zeit deutlich erhöhen? Dürfen Sie sie auch dann nicht belohnen, wenn sie es verdient haben?

Doch, natürlich! Hauptsache, Sie ködern Ihre Mitarbeiter nicht mit den schönen Aussichten. Erzielt Ihr Unternehmen aber gute Gewinne, dürfen Sie sehr wohl einen Bonus ausschütten – aber dann bitte an alle Mitarbeiter! Wenn es eine Teamleistung war. Für die Verbesserung der Produktivität einzelner Mitarbeiter bleibt Ihnen nach wie vor das Instrument der Gehaltserhöhung erhalten.

Bei der Ausschüttung solcher einmaligen Prämien sollten Sie allerdings dafür sorgen, dass die Mitarbeiter Ihre Gründe dafür verstehen. Dabei kommen Sie nicht drum herum, die wirtschaftliche Situation darzulegen. Die Zahlen und Fakten, die Sie ausgewertet haben, werden für manche Ihrer Mitarbeiter wie Chinesisch anmuten. Damit Sie das Team aber nicht verunsichern: Erklären Sie Ihren Mitarbeitern zur Abwechslung, wie ein Unternehmen funktioniert. Nicht bis ins Kleinste – überfordern und langweilen Sie niemanden mit betriebswirtschaftlichen Details. Sondern stellen Sie auf verständliche Weise Ihre Zahlen dar. Vermitteln Sie Basiswissen: Was ist Umsatz? Was sind Kosten? Was ist Profit? Was sind Rückstellungen? Schlüsseln Sie das Betriebsvermögen auf: Gehälter 40 Prozent, Kosten und Betriebsausgaben, Gewinnaufteilung – 30 Prozent für die Belegschaft, 30 Prozent für den Unternehmer, der Rest verbleibt als Sicherheit beim Unternehmen. Schicken Sie bei schlechterer wirtschaftlicher Prognose gleich voraus, dass es im nächsten Jahr voraussichtlich keinen Bonus mehr geben wird – auch wenn Sie dafür von Ihrer Mitarbeiterversammlung ein enttäuschtes »Oooh« ernten.

Ganz nebenbei ernten Sie nämlich auch Vertrauen. So signalisieren Sie, dass Sie offen und ehrlich sind und kein Chef, der bloß in die eigene Tasche wirtschaftet. Ihren Mitarbeitern wird klar: Sie als Chef tragen das alleinige unternehmerische Risiko. Und sie sitzen mit Ihnen in einem Boot.

> **Turbo-Tipp: Vorsicht bei wiederholten Ausschüttungen von Boni!**
>
> Ihr Unternehmen floriert, Sie machen gute Gewinne und möchten auch Ihre Mitarbeiter am Erfolg beteiligen? Schön für Sie – und für Ihre Leute. Bevor Sie jedoch tätig werden, sichern Sie sich rechtlich ab. Schütten Sie mehrmals hintereinander dieselbe Bonusleistung aus, gilt sie zum Beispiel nicht mehr als Bonusleistung, sondern als Gehaltsanpassung. Dann hat Ihr Mitarbeiter ein Recht auf eine Gehaltserhöhung. Holen Sie sich hier in jedem Fall rechtlichen Beistand, um böse Überraschungen zu vermeiden.

Kurz und bündig

➤ Vermitteln Sie den Mitarbeitern Ihre unternehmerische Vision. Werden Sie nie müde, davon zu reden. Pochen Sie darauf.

➤ Führen Sie Ihr Unternehmen nach Zielen, aber koppeln Sie die Ziele nicht an Sach- oder Gehaltsboni.

➤ Geben Sie Fett ins Wälzlager – nur in der nötigen, stets angemessenen Menge, um die optimale Betriebstemperatur zu gewährleisten. Vereinbaren Sie ein Festgehalt, das mit der Leistung beziehungsweise mit dem Nutzen des Mitarbeiters korreliert. Verzichten Sie auf sonstige extrinsische Motivatoren.

➤ Setzen Sie auf intrinsisch motivierte Mitarbeiter.

➤ Behandeln Sie die Mitarbeiter fair. Bezahlen Sie fair. Loben Sie fair. Vermeiden Sie Maßnahmen, die Einzelne benachteiligen könnten.

➤ Stellen Sie sicher, dass die richtigen Mitarbeiter passende Aufgaben bekommen.

➤ Haben Sie Geduld mit alteingesessenen Mitarbeitern oder solchen, die sich umorientieren müssen. Sie dürfen zufrieden sein, wenn es klappt, eine alte Uhr auch nur um ein Viertel auf die neue Zeit einzustellen.

➤ Sortieren Sie faule Äpfel aus. Sie werden niemals restlos alle und jeden von Ihrer Vision überzeugen.

➤ Geben Sie einen Teil vom Kuchen ab. Bleiben Sie dabei fair: Zum Erfolg haben alle beigetragen, also sollen alle etwas abbekommen.

➤ Seien Sie ehrlich: Gibt es in einem schlechteren Jahr keinen allgemeinen Bonus, legen Sie die Zahlen offen und erläutern Sie die Gründe.

Kapitel 3
Ich kann doch nicht alles und jeden kontrollieren …

Warum Sie Ihren Mitarbeitern nur vertrauen können

Betrieb einer Dampfturbine: Die Wärmeenergie des Dampfes wird in Rotationsenergie umgewandelt. Mit dieser wird ein Generator betrieben, der elektrische Energie erzeugt und diese ins Elektrizitätsnetz einspeist. Während des Betriebs der Dampfturbine werden ständig Mess- und Kennwerte der Turbine aufgenommen und überprüft. Zeigt sich dort keine Auffälligkeit, ist es nicht nötig, die Turbine oder den Generator anzuhalten, zu öffnen und einzelne Turbinenschaufeln oder Wicklungen auf ihre Funktion zu überprüfen. Nur bei eindeutigen Störfällen und Fehlfunktionen wird im Normalbetrieb die Turbine ungeplant für eine Reparatur gestoppt.

Micro-Manager

Kurz vor der Mittagspause, im Chefbüro eines großen Herstellers von Bau-Sondermaschinen.

»Perfekt!«, schließt Geschäftsführer Kevin Linke die Sitzung. »Dann teile ich unserem Kunden mit, dass wir den bestellten Spezialbagger in einer Woche liefern können. Ich kann mich auf Sie verlassen, Herr Zeißig?« Michael Zeißig, der leitende Ingenieur des Projekts, nickt. »Auf jeden Fall, Chef. Mahlzeit!«

Kaum hat der Ingenieur das Büro verlassen, beschleicht Linke der Zweifel. »Beim letzten Sonderprojekt hatte der Zeißig das Ding zwei Tage vor dem Termin noch nicht mal zur Hälfte fertig«, denkt er stirnrunzelnd. »Von dem Kunden damals ist nie wieder ein Auftrag reingekommen. Ob das diesmal wohl besser läuft? Ich schau' besser gleich morgen in der Produktionshalle vorbei. Nicht dass der Zeißig uns noch mehr Kunden vergrätzt!«

Nachmittags in der Werkhalle: Der Ingenieur geht seinerseits das Sitzungsprotokoll durch. Beim Lesen erschrickt er. »Was soll das denn?«, ruft er entgeistert. »Wieso steht hier auf einmal was von Elektroantrieb? Wir hatten doch ganz am Anfang ein Hydraulikgetriebe vereinbart, alles andere wäre ja auch Schwachsinn bei dem Projekt! Muss ich den Linke jetzt extra noch mal stören? Nee, lieber nicht. Nachher krieg ich nur eins auf den Deckel: ›Mensch, Zeißig, den Antrieb hatten wir doch gleich als Erstes geklärt!‹ Ich denke mal, mit Hydraulik machen wir nix falsch. Und wenn schon, Linke spioniert garantiert eh morgen früh hier im Werk rum. Soll er von mir aus meckern, wenn ihm dann irgendwas nicht passt!«

Eine typische Situation: Ein Top-Projekt steht an. Der Zeitplan ist eng. Natürlich hat der Kunde höchste Ansprüche. Nichts darf schiefgehen. Aber der Chef hat Bauchgrimmen. Wie jedes Mal, wenn er etwas delegiert hat und sich darauf verlassen muss, dass seine Mitarbeiter zum festgesetzten Zeitpunkt liefern. Weil ihn die Erfahrung gelehrt hat: Das haut nicht hin. Weil er weiß: Mit dem Projekt alleingelassen, schaffen es seine Leute mit Hängen und Würgen gerade noch bis zur Nachfrist. Oder sie fahren es gleich ganz an die Wand.

Da werden Deadlines nicht eingehalten. Oder es stellt sich auf halbem Wege heraus, dass die Aufgaben schlecht verteilt sind. Auch technische Patzer hat es schon gegeben. Womöglich muss der Chef ab und zu die eigene Ingenieurserfahrung einbringen und selber Hand anlegen, um ein Werkstück zu retten. Oder gleich die ganze Produktion. Nur damit am Ende kein Schrott herauskommt.

Aus all diesen Erfahrungen schließt der Chef nur eines: Seine Mitarbeiter sind nachlässig. Nachlässig und gleichgültig. Denn wenn solche Fehler immer wieder passieren, ist es ihnen offenbar gar nicht so wichtig, Top-Qualität zu liefern. Der Chef hat das Gefühl, Mängel und Fehler zu entdecken, wohin er auch schaut. Also verschärft er seine Kontrollmaßnahmen. »Gut, dass ich vorhin nochmal in die Produktion gegangen bin. Alle Absprachen waren für die Katz. Die kapieren ja gar nichts, es ist hoffnungslos mit denen. Gleich morgen schau ich wieder vorbei!«

Bald beginnt er, an vermeintlich schlecht Gemachtem herumzudoktern. Mit der Zeit lädt er sich schleichend die Aufgaben seiner Mitarbeiter auf. Und fragt sich immer wieder, wofür er ihnen eigentlich ihr Gehalt bezahlt.

Für die Mitarbeiter ist diese Situation auch nicht gerade angenehm. Sie bekommen den Eindruck: Egal, was sie tun, der Chef überprüft noch einmal alles, hat überall etwas zu kritisieren, ändert alles. So, als käme es ihm nur darauf an, auf jedem Projekt seine Duftmarke zu hinterlassen.

Die Folge ist Frustration in allen Lagern. Aber das ist noch nicht alles. Denn die Mitarbeiter beginnen zu denken: »Bringt gar nichts, mir hier groß Mühe zu geben. Der Chef schaut sowieso nochmal auf die ganzen Details!« Sie verlegen sich darauf, nur noch das zu tun, wozu sie der Chef konkret angewiesen hat. Bis ins Kleinste muss er die Arbeitsschritte vorgeben. Denn die Mitarbeiter beherrscht der Eindruck, nicht das Ziel sei wichtig, sondern der Weg dorthin. Einerseits fühlen sie sich bevormundet, lassen aber andererseits jede Kleinigkeit von oben absegnen. Nur um sicherzugehen, dass sie sich nicht im Nachhinein einen Rüffel einhandeln. Auf Dauer werden sie völlig abhängig vom Chef. So erzeugt die ständige Kontrolle genau das Verhalten, das sie bekämpfen will. Ein Teufelskreis.

Indem der Chef für die Mitarbeiter den »Micro-Manager« spielt, nimmt er ihnen die Verantwortung, die sie mit ihren Aufgaben tragen, wieder weg. Er raubt ihnen sämtliche Freiräume und jedes Entwicklungspotenzial. Da er alles besser zu wissen scheint, unterdrückt er auf Dauer ihre intrinsische Motivation.

Die Wirkung auf den Chef ist genauso verheerend. Denn er übernimmt Aufgaben seiner Mitarbeiter und ist bald nicht nur Unternehmer und Manager, sondern auch Sach- und Facharbeiter. Mit dieser Mehrfachbelastung ist er hoffnungslos überfordert. So wird bei allen Beteiligten das Leistungsniveau schlechter.

Perfektionist oder heimlicher Experte?

Typischerweise gibt es zwei Arten von Unternehmensführern, die in diese gemeine Falle tappen.

Da ist zum einen der *kompromisslose Perfektionist*: Für ihn ist es eine ungeheure mentale Herausforderung, Arbeit delegieren zu müssen. Immer hat er die Befürchtung, seine Mitarbeiter könnten sich mit einem geringeren Leistungsniveau zufriedengeben, als er es an ihrer Stelle tun würde. Wenn sie ihr Bestes geben, ist das für ihn gerade mal akzeptables Mittelmaß. Seine Anforderungen sind hoch – auch an sich selbst. Was er macht, muss tausendprozentig sein. Und er hat den Drang, ständig auf dem Laufenden zu bleiben, was die Tätigkeiten seiner Mitarbeiter angeht. So hofft er sicherzustellen, dass möglichst genau so vorgegangen wird, wie seiner Meinung und Erfahrung nach das qualitativ beste, unschlagbare Resultat zu erzielen ist.

Der Perfektionist

Der Perfektionist verhält sich wie ein Techniker, der die Dampfzufuhr unterbricht, den Betrieb der Turbine herunterfährt und das Gehäuse öffnen lässt, um nachzusehen, ob die Schaufeln erodiert oder die Lager verschlissen sind. Anstatt die vorher reibungslos arbeitende Turbine laufenzulassen und auf das Resultat zu achten – die elektrische Energie am Generatorausgang –, sorgt er selber dafür, dass der Betrieb gestört wird, und verhindert die Entstehung eines einwandfreien Endprodukts.

Zum anderen gibt es die Art von Chef, dem der Unternehmeranzug noch eine halbe Nummer zu groß erscheint. Er sieht sich mit völlig neuen, ungewohnten Aufgaben konfrontiert, bevorzugt jedoch insgeheim die von früher gewohnte Sach- und Facharbeit. Die bedeutet ihm alles, ist geradezu seine wahre Leidenschaft. Anstatt Sitzungen zu halten oder mit dem Steuerberater zu verhandeln, macht es ihm viel mehr Spaß, an der neuen Software zu basteln, die sein Unternehmen produziert. Er würde es nie offen zugeben, aber er denkt sich oft genug: »In meinem Laden bin ich doch sowieso bei Weitem selber der beste Programmierer!« Er ist der unerkannte, *heimliche Experte* auf seinem speziellen Fachgebiet. Zumindest ist er das lieber, als den Chef eines Unternehmens abgeben zu müssen.

> ### Der heimliche Experte
>
> Der heimliche Experte verhält sich wie ein Techniker, der sich mit der Überwachung einzelner Komponenten des Turbinenbetriebs am besten auskennt. Er weiß um die Eigenheiten bestimmter Arbeitsmaschinen und kann bei einer Fehlfunktion genau sagen, wo vermutlich das Problem zu finden ist. Er ist auf die konkrete handwerkliche Arbeit fokussiert. Das Zusammenspiel aller Komponenten, geschweige denn das Endergebnis, gerät ihm dabei aus dem Blickfeld.

Langfristig deprimiert den heimlichen Experten seine Situation. Weil er in der Rolle als Chef nie genau das tun kann, was er eigentlich tun will. Was ihn wahrhaft erfüllt. Darunter leidet auch sein Unternehmen. Es droht die ernsthafte Krise. Er muss sich schleunigst entscheiden: Werde ich auf Dauer nur als Sach- und Facharbeiter glücklich, der hautnah am Problem knobelt?

Das wäre ok. Aber dann muss jemand anderes sein Unternehmen führen. Ein Partner, der die Leitung übernimmt, während der ehemalige Chef in die Entwicklung wechselt. Einmal im Monat setzt man sich zusammen, bildet eine Art Aufsichtsrat. Die einzige Alternative dazu ist: Sach- und Facharbeiten an kompetente Mitarbeiter abzugeben und voll und ganz in der Unternehmerrolle aufzugehen.

Selbsttest: Welcher Typ Chef sind Sie?

Haben Sie ...

1. ... die Befürchtung, dass Ihnen alles entgeht, wenn Sie auf die engmaschige Kontrolle Ihrer Mitarbeiter verzichten?

2. ... das Gefühl, bestimmte Sach- und Facharbeiten zu vermissen, die Ihnen vor Ihrer neuen Rolle als Unternehmensführer viel Spaß gemacht haben?

3. ... schon mehrmals wichtige Projekte delegiert und die Erfahrung gemacht, dass Ihre Mitarbeiter nicht zurechtkamen? Sind deshalb womöglich Kunden abgesprungen oder haben Sie eine Konventionalstrafe kassiert – was Sie dazu gebracht hat, zukünftig noch genauer hinzuschauen?

4. ... insgeheim den Eindruck, für manche Arbeiten besser geeignet zu sein als Ihre Mitarbeiter, innerhalb Ihres Unternehmens vielleicht sogar der absolute Experte auf einem bestimmten Gebiet zu sein?

Ergebnis: Bei einem ehrlichen »Ja«, besonders für die ungeraden Fragen, tendieren Sie zum Typ des *Perfektionisten*. Bejahen Sie dagegen eher die geraden Nummern, sind Sie womöglich ein *heimlicher Experte*.

Egal mit welcher Art von Chef Sie sich eher identifizieren: In beiden Fällen gilt es, einen großen, wichtigen Schritt zu tun. Denn auf Dauer bleibt Ihnen nichts anderes übrig, als nur eines zu sein – der Chef Ihres Unternehmens. Nur das. Mit allen Implikationen. Sie können, Sie wollen Ihren Job als Unternehmer machen. Aber der Tag hat nur 24 Stunden, auch für Unternehmer. Das heißt, Sie müssen diesen Job machen und keinen anderen. Wie bringen Sie die Waage – die beim heimlichen Experten ebenso bedenklich in Schieflage geraten ist wie beim Perfektionisten – also wieder ins Gleichgewicht?

Mit einem schweren Gegengewicht, das Sie als Chef des Unternehmens in die Waagschale werfen müssen. Es heißt Vertrauen. Und das Spektrum des Vertrauens in Ihre Mitarbeiter muss breitgefächert sein:

➤ Sie gehen in Vorleistung mit einem Vertrauen grundsätzlicher, menschlicher Art.

➤ Sie betrauen Ihre Mitarbeiter mit bestimmten Aufgaben und Projekten: ein Vertrauen fachlicher Art.

➤ Sie lassen die Verantwortung bei demjenigen, an den Sie sie delegiert haben: ein Vertrauen persönlicher Art.

➤ Ihr Vertrauen muss fehlertolerant sein: mitunter bedingungsloser Art.

Das ist der Schlüssel zur Lösung. All diese Facetten, diese vier Schritte zusammen, lassen Sie zu dem werden, was Ihr eigentlicher und einziger Job ist. Wozu Sie Ihre gesamte Kompetenz und all Ihre zeitlichen Kapazitäten brauchen: nämlich »nur« Unternehmer zu sein.

1. Das Prinzip »Vertrauen« leben

Viele Chefs begegnen anderen Menschen generell mit Vorsicht. Dagegen ist nichts einzuwenden. Schwierig wird es, wenn sich die vorsichtige Einstellung darin manifestiert, dass erfahrungsbedingt tendenziell das Schlechte gesehen, ja sogar erwartet wird.

»Wenn mir etwas zugesichert wurde, bin ich noch jedes Mal bitter enttäuscht worden!«

Der eigene Pessimismus unterdrückt häufig die positiven Erlebnisse, die es zwangsläufig gegeben hat und gibt. Sie werden aus dem Bewusstsein ausgeblendet – oder von vornherein unterbunden, indem man seine Mitarbeiter mit der eigenen schlechten Stimmung infiziert. Wenn dann alles schiefgeht, fühlen Sie sich in Ihrer kritischen Haltung bestätigt. Es ist eine selbsterfüllende Prophezeiung.

Um diesen Kreislauf zu durchbrechen, sollten Sie bei der Führung eines Unternehmens grundsätzliches Vertrauen zu Ihrer Maxime machen. Gewöhnen Sie sich daran, das Gute im Menschen zu sehen: »Wenn ich einem Menschen nicht vertraue, wird er mich sicherlich enttäuschen. Wenn ich ihm dagegen positiv begegne und ihm mein Vertrauen schenke, erhalte ich am ehesten eine positive Reaktion!«

Sie können nicht auf Knopfdruck Ihre Einstellung ändern? Das brauchen Sie auch gar nicht. Denn im Grunde vertrauen Sie Ihren Mitarbeitern bereits. Sie haben jeden Einzelnen von ihnen bereits geprüft und vertrauenswürdig gefunden.

Schon wenn Sie neue Mitarbeiter einstellen, gehen Sie als Chef in Vorleistung: mit Ihrem Vertrauen. Würden Sie einem Bewerber nicht vertrauen, gäbe es keinen Grund, ihn einzustellen. Sie vertrauen darauf, dass der neue Mitarbeiter seine Fähigkeiten in Ihr Unternehmen einbringen wird. Dass er menschlich zu Ihrem Team passt. Dass er aufrichtig ist und Ihre unternehmerischen Werte teilt. Dieses Vertrauen ist grundsätzlicher Art.

Das heißt aber nicht, dass Sie naiv wie ein Welpe sein sollen und auf jegliche Kontrolle verzichten, nur um den Eindruck zu vermeiden, dass Sie Ihren Leuten misstrauen. Das Prinzip »Vertrauen« zu leben heißt nicht, blind Vertrauen zu schenken. Sondern: Gehen Sie erst in Vertrauensvorschuss, und dann überprüfen Sie, ob Ihr Vertrauen gerechtfertigt ist.

Die Grundsatzfrage ist, ob Ihre Mitarbeiter grundsätzliche Regeln und Werte Ihres Unternehmens akzeptieren und einhalten. Das beinhaltet gar nicht unbedingt vom ersten Moment an Ihre höheren Ziele, Ihre Vision als Unternehmer. Darüber können Sie im Zweifelsfall immer noch diskutieren. Sondern es geht um fundamentale Dinge – wie zum Beispiel Ehrlichkeit.

Von Ihren Mitarbeitern dürfen Sie erwarten, dass sie Ihr System tragen. Aber Vorsicht: Nicht jeder, der gegen Ihr System verstößt, tut es mit böser Absicht. Mitarbeiter, die gegen bestimmte Firmenwerte wie z. B. das Vier-Augen-Prinzip verstoßen, weil es in einer bestimmten Situation dem ganzen Unternehmen nutzt, verdienen nach Klarstellung im Einzelfall vielleicht sogar Ihren Dank. Wenn dagegen jemand aus egoistischen Gründen Ihr System unterläuft und ihm beispielsweise ein Diebstahl nachgewiesen wird, müssen Sie ihn fristlos entlassen, auch um die Loyalität der anderen Mitarbeiter zu schützen. Verbrecherisches Handeln erfordert absolute Konsequenz.

Es gibt immer und überall Leute, die versuchen, die herrschenden Verhältnisse für sich auszunutzen. Denen muss von vornherein klar sein, dass das in Ihrem Unternehmen nicht läuft. Dass Sie kein blauäugiger Chef sind. Und dass Sie immer mal wieder genauer hinschauen, weil ansonsten ziemlich schnell das ganze System kollabiert. Vergewissern Sie sich also dann und wann anhand von Stichproben, ob Ihre Mitarbeiter das in sie gesetzte Vertrauen auch verdienen.

Turbo-Tipp: Stichproben

Verlassen Sie sich nicht allein auf das Controlling. Überprüfen Sie regelmäßig selbst, ob Ihre Mitarbeiter wichtige Werte und kritische Regeln einhalten. Gleichen Sie vorliegende Berichte mit der eigenen Wahrnehmung ab.

Haben Sie beispielsweise ein Projekt mit einem Firmenkunden laufen, dann rufen Sie einfach mal den Geschäftsführer an. Fragen Sie nach, ob man mit Ihrem Produkt oder Ihrer Dienstleistung zufrieden ist. Verzichten Sie darauf, sich nach Details zu erkundigen, aber holen Sie nützliches Feedback ein. Vergleichen Sie es mit der Rückmeldung Ihres Vertriebsleiters: Ist der Kunde zufrieden, geben Sie das Lob gerne weiter. Hat er etwas zu beanstanden, dann halten Sie Rücksprache mit Ihren Leuten und gehen dem Problem sachlich auf den Grund.

Ein brisanteres Beispiel: Im monatlichen Meeting hat die Buchhaltung Ihnen gerade die aktuellen Zahlen präsentiert. Ob die rund 30 000 Euro unterm Strich auch wirklich auf dem Firmenkonto liegen, überprüfen Sie später bequem per Online-Banking. Ebenso, ob der wichtigste Stammkunde auch wie üblich seine zwei Prozent Skonto erhalten hat.

Wenn Sie bei Ihren Stichproben auf Unstimmigkeiten stoßen, beschuldigen Sie niemanden unbesehen, sondern konfrontieren Sie die Verantwortlichen damit. Vielleicht gibt es eine schlüssige Erklärung. Wenn nicht, ziehen Sie den Betreffenden zur Verantwortung. Seien Sie strikt, wenn es um die Regeln geht – um Ihres Unternehmens willen. Aber behalten Sie Ihre grundsätzliche Vertrauenshaltung bei; führen Sie nach Verstößen kein Micro-Management ein.

Und: Wenn einzelne Mitarbeiter beweisen, dass sie Ihr langjähriges Vertrauen verdienen, darf die Häufigkeit von Stichproben gerne abnehmen.

2. Aufgaben abgeben, Kontrolle behalten

Erwarten Sie bitte nicht, mit bloßem Vertrauen in die Mitarbeiter sei die Sache geritzt. Auch als Chef dürfen Sie sich nicht darauf beschränken, in Ihrem Büro zu sitzen, sich nur Endergebnisse anzuschauen und ab und zu ein paar Stichproben zu machen. Die Art der Kontrolle, die Sie sich als Chef vorbehalten, ist der entscheidende Punkt. Trauen Sie Ihren Mitarbeitern bewusst zu, dass sie ihre Aufgaben innerhalb eines gegebenen Zeitrahmens auch verlässlich bewältigen. Und riskieren Sie es, ihnen konkrete, individuelle Aufgaben anzuvertrauen.

Nehmen wir an, Sie planen im Januar ein Projekt mit dem Ziel, in einem halben Jahr fertig zu werden. Als Projektleiter haben Sie einen Mitarbeiter im Auge, der erst seit Oktober in Ihrem Unternehmen beschäftigt ist, aber durch seine Leistungen positiv aufgefallen ist. Dem Sie nicht nur vertrauen, sondern dem Sie auch zutrauen, im gegebenen Zeitrahmen etwas auf die Beine zu stellen. Finden Sie im Gespräch heraus, wie der Mitarbeiter seine Kompetenzen am ehesten einbringen kann. Ob er seine Stärken beweisen und sich auch selbst verwirklichen kann. Kurz, ob er Ihrem Unternehmen bei diesem Projekt auch tatsächlich nützt. Lassen Sie ihn die infrage kommende Position als Projektleiter ausprobieren. Fühlt er sich nicht wohl oder gibt es andere Schwierigkeiten, sollten Sie die Möglichkeit vorsehen, ihn kurzfristig anderweitig einzusetzen.

Dann delegieren Sie das Projekt an den Mitarbeiter: Sie legen es in seine Hand, vertrauen es ihm an. Wie Sie das konkret machen, habe ich ja schon im ersten Kapitel beschrieben. Wichtig für das Thema Vertrauen ist: Vereinbaren Sie monatliche Milestones, um über die Fortschritte auf dem Laufenden zu bleiben. An jedem Monatsersten werden Sie Gewissheit haben: Hat der Mitarbeiter das Zwischenziel erreicht? Falls nicht, haben Sie ihn vielleicht falsch eingeschätzt. Und überfordert. Dann empfiehlt es sich, das Zwischenzielraster zu verfeinern.

Um dem Mitarbeiter die Verantwortung und Ihr Vertrauen nicht zu entziehen, vermeiden Sie es, ihn jede Woche oder noch öfter nach dem Fortschritt seiner Arbeit zu befragen. Schauen Sie ihm nicht über die Schulter, sondern kontrollieren Sie erst das vereinbarte Zwischenziel. Zum vereinbarten Milestone-Termin, nicht vorher. Umgekehrt dürfen Sie dem Mitarbeiter im Vorfeld durchaus den Rücken stärken, indem Sie Hilfsbereitschaft signalisieren: Wenn es ein Problem gibt, kann sich der Mitarbeiter jederzeit an Sie wenden. Das ist ok. Aber Sie selbst halten sich zurück.

Verständlich, wenn Ihnen in der ersten, zweiten, vielleicht auch dritten Woche womöglich die Füße kribbeln: »Sollte ich nicht doch mal bei dem Mitarbeiter vorbeischauen und nachfragen, wie's läuft?« Es kann furchtbar schwer sein, sich der lückenlosen Kontrolle laufender Arbeitsprozesse bewusst und konsequent zu entziehen.

Das beweist auch die Erfahrung des britischen Unternehmerberaters Chris Ducker. Er erzählte mir davon, als ich ihn Anfang 2013 interviewte.

Als Workaholic-Chef war er 14 Stunden pro Tag in seinem philippinischen Unternehmen mit rund 300 Mitarbeitern tätig. Dann beschloss er, nicht mehr im Unternehmen zu arbeiten, sondern am Unternehmen. Das Erste, wovon er sich verabschiedete, war die »E-Mail-Hölle«, indem er keine CC-Mails mehr las. Von unwichtigen Details wollte er nichts mehr hören. In den ersten Wochen, so berichtet Chris Ducker, sei das furchtbar gewesen! Er habe sich wie bei einem »Cold Turkey« gefühlt – wie ein Drogensüchtiger auf Totalentzug. Zumindest zwischen den wöchentlichen – und irgendwann nur noch monatlichen – Stehmeetings.

Auch wenn es schwerfällt: Ertragen Sie den »Cold Turkey«. Halten Sie bis zum Milestone durch. Umso erfreulicher ist es, wenn Ihre Geduld dadurch belohnt wird, dass Ihre Mitarbeiter tolle Leistungen abliefern!

Meine eigene Erfahrung im Rahmen meiner Promotion zur Diagnose an Wälzlagern hat mich jedenfalls genau darin bestärkt. Wir hatten eine Technologie entwickelt, die es erlaubte, mittels eines Sensors an der ungeöffneten Maschine festzustellen, ob sich ein Schaden anbahnte. Ähnlich einem Arzt, der den Patienten mit dem Stethoskop abhört.

Das Unternehmen, in dem wir damals diese Dienstleistung anboten, wuchs. Wir beschäftigten Leute für die Diagnosen. Da ich selber der Schwingungsexperte war, ließ ich es mir anfangs nicht nehmen, alle Berichte im Detail durchzugehen, bevor sie an die Kunden gingen. Natürlich bemerkte ich dabei Fehler. Buchstäblich fehlte mal hier was, mal da. Schweren Herzens musste ich lernen, auch mal Fünfe gerade sein zu lassen und nicht jede Analyse im Detail nachzuvollziehen. Die Zeit hatte ich einfach nicht mehr. Schließlich musste ich mich um Unternehmens- und Vertriebstätigkeiten kümmern.

Und siehe da: Meine Mitarbeiter wuchsen in ihre Rollen hinein. Nach zwei Jahren wusste ich: Die sind in der Schwingungsdiagnose besser, als ich jemals war. Wow! Es hatte »klick« bei mir gemacht. Ich konnte zwar in Meetings noch mitreden, aber ich musste mich nicht mehr um die Details kümmern. Die Transformation war vollzogen. Ich war auf meinem Weg vom Sacharbeiter zum Manager und Unternehmer ein gutes Stück vorangekommen.

Wenn Sie vom Fachspezialisten zum Unternehmer werden, haben Sie in Ihrem neuen Aufgabenbereich zunächst noch keinen Expertenstatus. Sie müssen das erst lernen. Daher fällt es Ihnen auch schwer, auf die Expertise Ihrer Mitarbeiter zu vertrauen. Umso mehr dürfen Sie sich freuen, wenn Ihre Mitarbeiter Ihnen beweisen, dass sie es genauso draufhaben. Dass sie keine Fehldiagnosen abgeben, sondern aus den Symptomen die richtigen Befunde ableiten. Anstatt frustriert zu sein, dürfen Sie jubeln, wenn Sie erkennen: Die machen das nicht nur vernünftig, die machen das besser als ich! Super – denn Sie selber haben eh genug anderes zu tun.

Turbo-Tipp: Vertrauensbasis schaffen

Schon in der Art, wie Sie delegieren, können Sie den Grundstein dafür legen, dass Ihr Mitarbeiter Ihr Vertrauen nicht enttäuscht. Und damit meine ich nicht nur, Inhalt, Ziele und Termine der delegierten Aufgabe klar zu beschreiben und dem Mitarbeiter alle Informationen zu geben, die er braucht. Es kommt auch auf den Tonfall beim Delegieren an. »Becker, Sie machen das und das bis dann und dann!« ist nicht optimal.

Anstatt Ihren Mitarbeiter schlicht anzuweisen, formulieren Sie geschickterweise ein Angebot: »Mitarbeiter Becker, so und so stelle ich mir das Projekt vor. Ich möchte, dass Sie das auf die Beine stellen. Termin wäre der erste Juli. Schaffen Sie das?«

Indem er es annimmt, übernimmt der Mitarbeiter Verpflichtung und Verantwortung – das volle Commitment – für das Projekt. So wird er – viel eher, als wenn Sie ihn schlicht anweisen – schon zu Anfang auf mögliche Probleme hinweisen, zum Beispiel auf einen Ressourcenkonflikt mit anderen Projekten. Er sagt Ihnen klar, wie viele Arbeitsstunden welcher Mitarbeiter er braucht. Wenn Sie ihm die zusagen, hat er keinerlei Grund, das Projektziel nicht einzuhalten. Sie als Chef haben also damit das Pfadfinderehrenwort Ihres Mitarbeiters, dass er Sie nicht im Stich lassen wird.

Was Sie noch zum Erfolg des Ganzen beitragen können: Durchhalten bis zum vereinbarten Termin, bevor Sie Fragen stellen. Es liegt bei Ihrem Mitarbeiter, im Problemfall auf Sie zuzukommen und Gründe für die Nichteinhaltung sowie alternative Vorschläge zu liefern. Er muss aktiv werden, nicht Sie. Erst wenn er ohne

Vorwarnung die Deadline nicht einhält, stellen Sie ihn zur Rede. Signalisieren Sie ihm, dass er Ihr Vertrauen enttäuscht hat – durch sein Schweigen, nicht durch das Versäumnis.

Es gibt drei typische Gründe für die Situation, dass Deadlines verpasst werden und man Sie nicht vorab darüber informiert:

> ➤ Sie haben nicht klar kommuniziert, was Sie von Ihren Mitarbeitern erwarten.

> ➤ Ihre Einschätzung des verantwortlichen Mitarbeiters war falsch.

> ➤ Sie haben keine Vertrauenskultur in Ihrem Unternehmen aufgebaut beziehungsweise gefördert.

Im ersten Fall achten Sie in Zukunft darauf, die Projektdetails klar festzulegen – auch schriftlich. Im zweiten Fall betrauen Sie in Zukunft andere Mitarbeiter mit der Projektleitung. Im dritten Fall: Eine Vertrauenskultur können Sie nur schaffen und verbindliche Zusagen bekommen Sie nur, wenn Sie Ihrerseits eigene Zusagen strikt einhalten. Das heißt auch: Falls es mit Ihrer Zusage Probleme geben sollte, die Sie nicht abwenden können, signalisieren Sie das dem Mitarbeiter frühzeitig: »Herr Müller, der Sie nächste Woche beim Projekt unterstützen sollte, hat sich heute krank gemeldet. Er wird also leider doch nicht zur Verfügung stehen.« Wenn Sie nicht verbindlich kommunizieren, werden auch Ihre Mitarbeiter im Problemfall meistens schweigen!

Reden Sie sich nicht damit heraus, dass Sie das alles schon mal versucht haben und es nicht geklappt hat. Dass sowieso gar nichts klappt, wenn Sie nicht ein Auge darauf haben. Dass es in Ihrem Unternehmen für bestimmte Facharbeiten keinen Besseren gibt als Sie selbst.

Kann ja sein, dass es im Moment tatsächlich so ist. Dann legen Sie sich einen Plan zurecht! Wie schaffen Sie es, in spätestens einem Jahr einen Besseren zu haben? Sind Sie überhaupt sicher, dass es nicht schon längst jemanden gibt, der darauf wartet, sein Potenzial zu entfalten? Ich nehme Ihnen jedenfalls nicht ab, dass Sie nur von lauter Trotteln umgeben sind!

Geschenkt – bei allem Vertrauen und trotz qualifizierter, hochmotivierter Mitarbeiter wird es Fehler geben. Ihr Vertrauen wird enttäuscht werden. Aber: Die Schuld liegt in den meisten Fällen nicht bei den Fachkräften. Sondern beim Chef, also bei Ihnen. Sie haben bei der Personalwahl oder der Verteilung Ihrer Projekte einen Fehler gemacht. Und haben jetzt die Chance, ihn auszubessern.

Helfen Sie Ihren Mitarbeitern, in deren jeweilige Rollen hineinzuwachsen. Bei manchen wirken deutlichere Absprachen oder häufigere Meetings bereits Wunder, andere sind vielleicht dankbar für Coaching, Trainings, Fortbildungen. Das hat nichts mit Ihren unternehmerischen Werten oder den herrschenden Regeln zu tun, sondern vielleicht einfach damit, dass Sie als Chef die Stärken eines Mitarbeiters nicht erkannt haben. Sie haben ihn falsch eingeschätzt. Erwägen Sie, sein Tätigkeitsfeld zu verändern, und fragen Sie ihn, ob er sich den Wechsel ebenfalls vorstellen könnte. Womöglich bringt er Ihrem Unternehmen danach in der Tat mehr Nutzen. Schon haben sowohl Sie als auch Ihre Mitarbeiter gewonnen.

3. Außen vor bleiben – auch wenn es brennt

»Ja, natürlich. Bitte entschuldigen Sie vielmals die Unannehmlichkeiten. Sorry noch mal! Und danke für Ihren Anruf.« Klack. Peter Lange legt den Hörer auf, um gleich wieder abzuheben. Ihm ist heiß, sein Gesicht dunkelrot. Dass er sich so etwas bieten lassen muss, als Chef eines aufstrebenden Software-Unternehmens mit 35 Mitarbeitern! Er wählt eine interne Nummer. »Herr Seibert? Sie programmieren doch die Mikrowellen-Simulation für das Projekt ›Handynetzbetreiber‹. Ja, das mit den drei Großkunden. Alle haben gerade hier angerufen und ... was? Nein, ich pfeife auf Ihren Projektleiter. Sie liefern drei Kunden auf einmal einen Virus, also liefern Sie jetzt auch persönlich eine Erklärung! Sofort in mein Büro, kapiert?«

Krisensituationen findet niemand angenehm. Da kocht gerne mal was über. Was die Gefahr, vorschnell zu reagieren und in scheinbar überwundene Methoden zurückzufallen, drastisch erhöht. Zwar hat der

Chef die Verantwortung abgegeben – an einen Gruppenleiter oder Projektleiter. Weil aber die Hütte brennt, umgeht er ihn und wendet sich direkt an denjenigen, den er als Schuldigen identifiziert zu haben glaubt. In manchen Fällen ohne es zu merken, in manchen aber auch bewusst.

Diese Gefahr besteht besonders bei Unternehmen, die schnell wachsen. Die Sieben stellt da sozusagen eine magische Grenze dar: Keine Einzelperson kann viel mehr als sieben Leute führen, ohne überfordert zu sein. Es braucht eine Struktur, bestehend aus Gruppenleitern, Teamleitern, Abteilungsleitern. Diese wiederum haben ihre eigenen Mitarbeiter.

Der Chef muss nun höllisch aufpassen – umso mehr, wenn er zum Typ des »Perfektionisten« tendiert. Begeht er nämlich den Fehler, direkt mit den Mitarbeitern zu verhandeln, sabotiert er die Arbeit der Gruppenleiter. Lässt sie im Regen stehen. Entzieht ihnen sein Vertrauen. Macht es ihnen unmöglich, ihre eigenen Leute zu führen. Geschweige denn, aus ihren Fehlern zu lernen.

Ein Gruppenleiter, der sich auf diese Art und Weise umgangen sieht, wird sein Führungspotenzial abbauen. Er hört auf, die Leute zu managen, da er weiß, dass das ja eh der Chef macht. Und der Chef beklagt sich: »Ich hab keine guten Leute an den Führungspositionen. Also muss ich selber durchgreifen!« Ein Teufelskreis.

Vorsicht: Die Sandwich-Position

Ein Mitarbeiter ohne vorherige Führungserfahrung wird kurzfristig zum Leiter des Projekts A ernannt. Die Herausforderung ist schwer genug, der Druck ist hoch. Womöglich läuft alles schief.

Greifen Sie als Chef trotzdem nicht durch. Schießen Sie Ihrem Mitarbeiter nicht die Beine weg, indem Sie sein Team direkt anweisen: »Gehen Sie so und so an die Sache heran!« Sondern sprechen Sie stattdessen mit dem Projektleiter. Fünf oder zehn Minuten, die sich lohnen: So nehmen Sie indirekt Einfluss auf das Problem, ohne Ihrem Mitarbeiter das Wasser abzugraben.

Aus meiner eigenen Erfahrung als Unternehmercoach weiß ich: Sogar Chefs, die nicht dazu neigen, den Micro-Manager zu spielen, droht diese Gefahr, sobald ihr Unternehmen wächst. Was nicht zuletzt daran liegt, dass sich Mitarbeiter, die zu Projekt- und Gruppenleitern werden, in ihrer neuen Funktion erst einmal zurechtfinden müssen. Trotzdem: Wenn Sie das Gefühl haben, die Kommunikation zwischen den einzelnen »Schichten« Ihrer Unternehmensstruktur verläuft nicht reibungslos – etwa, weil das Controlling Ihnen rückmeldet, dass Projekt X aus dem Ruder zu laufen droht –, dann gehen Sie nur die höchste Schicht direkt an.

Anfangs ist es durchaus ratsam, Gespräche mit allen Beteiligten gemeinsam zu führen – Chef, Gruppen- und Projektleiter. So können Sie am ehesten abschätzen, woran es Ihrem Führungspersonal mangelt. Helfen Sie dabei, die Defizite auszugleichen. Beim zweiten und dritten Gespräch halten Sie sich raus und hören nur zu. Beim vierten Termin sind Sie gar nicht mehr mit dabei.

Voraussetzung für den Erfolg ist, dass Ihren Gruppen- und Projektleitern von vornherein klar ist, was ihre jeweiligen Aufgaben beinhalten. Machen Sie niemanden zum Gruppenleiter, ohne ihm konkrete Tätigkeiten anzuvertrauen. Belassen Sie es nicht bei knappen mündlichen Absprachen. Und: Hüten Sie sich vor voreiligen Löscharbeiten, wenn es »brennt«!

Turbo-Tipp: Kernaufgaben schriftlich festhalten

»Na, Frau Steffens wirkt aber ganz schön ratlos, seit ich sie zur Gruppenleiterin gemacht habe. Dabei hat sie ihre Aufgaben früher immer zügig angepackt! Wieso kriegt sie jetzt kaum mehr was auf die Reihe?«

Der Versuch, Mitarbeiter quasi zwischen Tür und Angel zu Führungspersonal zu machen, ist zum Scheitern verurteilt. Selbst aus einem längeren Gespräch erschließt sich kaum jemandem unzweifelhaft, was er als Gruppenleiter nun eigentlich genau zu tun hat. Außerdem hat kein Mensch Zeit und Lust, Monate später über unterschiedliche Erinnerungen zu streiten, was das betrifft.

> Deshalb: Alles schriftlich festhalten. Ihr Mitarbeiter braucht die Dinge in Papierform! Er war vorher nie in einer Führungsposition und ist dankbar für eine eindeutige Aufstellung seiner Kernaufgaben. Ein weiterer Vorteil ist, dass er konkretes Feedback in Form von Rückfragen geben kann. So lassen sich eventuelle Unklarheiten beseitigen, bevor sie kritisch werden können.

4. Auch mal etwas schiefgehen lassen

Abgesehen von Krisensituationen, bei denen das Kind meist schon in den Brunnen gefallen ist, werden Sie als Chef früher oder später auch in die unangenehme Lage eines Wahrsagers geraten. Dazu brauchen Sie nicht mal eine Kristallkugel oder Tarot-Karten. In bestimmten Situation sehen Sie auch so die Zukunft erschreckend klar vor sich, nämlich wenn Sie mitkriegen, dass Ihre Mitarbeiter Fehler machen und ins offene Messer laufen. Dann ist es eine Verlockung, rasch und rettend einzugreifen. Sie bräuchten ja nur den Mund aufzumachen, um das Desaster zu verhindern. Typisches Beispiel ist eine drohende Deadline.

13. April, in der Produktionshalle von Sabre-Saw, einem auf die Herstellung von Kreis- und Stichsägen spezialisierten Maschinenbaubetrieb. Anke Reinhardt, die Chefin, hat sich kurzfristig zu einer Inspektion entschlossen. In zwei Tagen soll ein Stammkunde eine Spezialanfertigung erhalten. Anke Reinhardt sieht, dass der Rahmen der Maschine fertiggestellt ist. Motor? Getriebe? Bedieneinheit? Fehlanzeige. »Heilige Zündkerze!«, denkt sich die Chefin. »Wie um alles in der Welt soll das Ding bis übermorgen startklar sein? Die sind höchstens bei 15 Prozent mit ihrer Arbeit, das schaffen wir ja nie!« Sie erinnert sich, dass ihr Mitarbeiter, Projektleiter Thorsten Schubach, die Lieferung zur Monatsmitte definitiv zugesagt hat. Wegen einer etwaigen Verzögerung hat er sich auch nicht gemeldet. »Das kann ja nicht klappen. So weit wäre ich an seiner Stelle schon vor zwei Monaten gewesen. Nachher springt mir seinetwegen noch der Kunde ab! Was mache ich bloß?«

Wenn Sie als Chef Grund zu der Annahme haben, dass etwas nie und nimmer klappen kann, und Sie Ihren Mitarbeitern wirklich helfen wollen: Haben Sie Vertrauen und warten Sie. Auch auf die Gefahr hin, dass Ihr Vertrauen enttäuscht wird.

Unmittelbar während der Phase, in der Sie die Schwierigkeiten heranrollen sehen wie einen Tsunami, wird Ihnen mit Sicherheit der Bauch grummeln. Sie fühlen sich im Zwiespalt, werden unruhig und angespannt. Das ist eine nervige Situation. Mit einem einfachen Trick lässt sich der Stress etwas abmildern: Malen Sie sich das Worst-Case-Szenario aus. Wenn möglich, bereiten Sie sich darauf vor:

➤ Was passiert im aller-, allerschlimmsten Fall?

➤ Wird Ihre Firma pleitegehen?

➤ Droht ein Nachtrag? Oder eine Konventionalstrafe?

➤ Werden Sie einen Stammkunden verlieren?

➤ Werden Sie das Projekt als Totalverlust abschreiben?

Wenn zum Beispiel klar ist, dass der Kunde abspringt, dann ziehen Sie die Konsequenzen. Vereinbaren Sie für das nächste Projekt eine Vorabnahme, oder bauen Sie – abhängig von der Zuverlässigkeit des betreffenden Mitarbeiters – von vornherein Sicherheitspuffer ein. Etwa ein größeres Zeitfenster, mehr Mitarbeiter, weniger Nebenprojekte …

Das sind also Vorsorgemaßnahmen für die nächsten Projekte. Beim gegenwärtigen Projekt aber, solange nicht der Fortbestand Ihres Unternehmens gefährdet ist: Halten Sie sich zurück, auch wenn es wehtut. Es kann ja sein, dass man Sie überrascht und Ihre Leute doch zum vereinbarten Termin liefern. Vielleicht bekommen Sie als Reaktion auf Ihre Verblüffung sogar zu hören: »Tja, Chef, wir haben halt die Prozesse etwas angepasst. Was früher drei Arbeitsschritte waren, ist dank unseres heutigen Workflows nur noch einer. Die Situation da im Werk, die war längst nicht so kritisch, wie sie aussah!« Wenn Ihr Mitarbeiter die Sache irgendwie rausreißt, werden Sie froh sein, in der Werkhalle nichts gesagt zu haben. Und Sie haben die beste Bestätigung dafür, dass Ihr Vorgehen richtig war. Weil Ihre Erwartungen erfüllt wurden. Weil Ihr Vertrauen belohnt wurde.

Das ist der Idealfall. Es kann natürlich auch passieren, dass Ihre Mitarbeiter das Projekt tatsächlich an die Wand fahren oder nur mit großer Verzögerung fertigstellen. Dann, und erst dann, treten Sie in Aktion. Nach Projektende, aber zeitnah.

Konfrontieren Sie den verantwortlichen Mitarbeiter mit den Folgen seines Versäumnisses, zum Beispiel damit, dass Sie einen Stammkunden verloren haben. Fragen Sie nach den Gründen, die zum Scheitern des Projekts geführt haben. Achten Sie auf Selbstkontrolle und auf die Reaktion des Mitarbeiters. Ist er sowieso schon am Boden zerstört, ist es weder hilfreich noch sonderlich taktvoll, ihn extra runterzuputzen. Versucht er dagegen, sich mit Ausreden und Fremdbeschuldigungen aus der Affäre zu ziehen, weisen Sie ihn auf die Verantwortungslage hin: Als Gruppen- oder Projektleiter hätte er in einem solchen Fall agieren müssen. Zum Beispiel, indem er die Info an Sie weitergibt.

Erreichen Sie ein Einsehen, sollten Sie als Nächstes gemeinsam analysieren: Was genau ist bei diesem Projekt schiefgelaufen? Warum ist es schiefgelaufen? Und was machen wir, um dasselbe Fiasko beim nächsten Mal zu vermeiden? Fehlt möglicherweise ein System, das spezifische Probleme abzufedern hilft? Gibt es Tools, um Projekte in Zukunft besser zu controllen?

Bleiben Sie in jedem Fall auf der Sachebene. Ob Sie sich enttäuscht fühlen und so richtig stinkig sind, ist Ihre Privatsache. Das heißt noch lange nicht, dass der Mitarbeiter unfähig ist.

Turbo-Tipp: Person und Sache trennen

»Herr Schubach, das ist jetzt schon zum dritten Mal passiert!«

Zorniges Geschimpfe sollten Sie bleiben lassen. So erreichen Sie niemanden. Ist das Kind in den Brunnen gefallen, hilft es allen Beteiligten am ehesten, sich zu bemühen, die Umstände zum Positiven zu wenden.

➤ Versuchen Sie, ein Einsehen zu erreichen.

➤ Klären Sie die Details, und bieten Sie für die Zukunft Hilfe an.

➤ Sehen Sie gemeinsam mögliche Vorteile: Können Sie das Projekt irgendwie retten?

Halten Sie bei schwer einzuschätzenden Mitarbeitern zukünftig die Milestone-Hürden klein, um das Risiko so weit wie möglich zu begrenzen. Und: Vielleicht ist das Ergebnis, das nicht dem Projektziel entspricht, ja für etwas anderes gut. Denken Sie an Spencer Silver. Der wollte 1968 einen Superklebstoff entwickeln und musste enttäuscht feststellen, dass das von ihm angerührte Gemisch zwar auf jeder Unterlage klebte, aber nicht dauerhaft. Erst sechs Jahre später erinnerte sich ein Kollege Silvers an diese »gescheiterte« Entwicklung. Er wollte nämlich Lesezeichen an seinen Chornoten befestigen und später wieder ablösen können. Also strich er Silvers Mischung auf leuchtend gelbe Zettelchen. Das Post-it war erfunden.

Ohne Frage – Schwierigkeiten kommen zu sehen, tut weh. Solange Fehler und Probleme aber nicht die unternehmerischen Werte und Regeln oder den Fortbestand Ihres Unternehmens gefährden, sollten Sie den Schmerz aushalten. Das ist auf Dauer weitaus lohnender als ein Rückfall ins Micro-Management!

Denn so schaffen Sie alle Voraussetzungen für eine langfristige, fruchtbare Fehler- und Vertrauenskultur in Ihrem Unternehmen. Beide tragen dazu bei, dass Ihre Mitarbeiter eigenständig werden. Dass Sie in Ruhe Ihren Job als Chef machen können. Und dass Ihre Firma zu einem Ort wird, wo man gerne zusammenarbeitet.

Kurz und bündig

➤ Lassen Sie die Turbine einfach laufen: Schauen Sie Ihren Mitarbeitern nicht über die Schulter.

➤ Rauben Sie Ihren Mitarbeitern keine Freiräume, indem Sie für sie den Micro-Manager spielen.

➤ Vertrauen Sie Ihren Mitarbeitern grundsätzlich. Kontrollieren Sie stichprobenweise, ob sie dieses Vertrauen auch verdienen.

➤ Delegieren Sie Aufgaben und Projekte so, dass Sie das volle Commitment des betreffenden Mitarbeiters erhalten.

➤ Überlassen Sie nach erfolgreichem Delegieren sämtliche Details den jeweiligen Gruppen- oder Projektleitern. Warten Sie unbedingt ab, bis die Deadline verstrichen ist, bevor Sie sich nach Ergebnissen erkundigen.

➤ Schaffen Sie für Ihr Unternehmen eine Fehlerkultur, indem Sie cool bleiben, wenn es brennt, und in keinem Fall nach unten »durchgreifen«.

➤ Konzentrieren Sie sich auf Ihren eigentlichen Job: den des Unternehmers.

Kapitel 4
Meine Mitarbeiter arbeiten immer an der falschen Sache!

Wie Ihre Mitarbeiter endlich das Richtige tun

Welle: Rotierendes Verbindungsstück zwischen zwei oder mehr Maschinenteilen. Sie dient dazu, das Drehmoment eines treibenden Maschinenelements auf andere, passive Elemente zu übertragen. Jeder handelsübliche Ventilator enthält eine Welle, die die Antriebsenergie des Elektromotors an die Rotorblätter weiterleitet. Ebenso sind Wellen in feinmechanischen Geräten wie Blu-Ray-Playern oder Computerdruckern enthalten, aber auch in größeren Maschinen und Anlagen wie Pumpen, Kreissägen und Fahrzeugen. Um bei der Energieübertragung über eine einfache Welle den höchstmöglichen Wirkungsgrad zu erzielen, müssen sich die verbundenen Maschinenelemente in einer Flucht befinden. Das heißt, die Welle muss sauber ausgerichtet sein. Andernfalls droht durch Reibung Wärmeentwicklung und Energieverlust, und die Apparatur beginnt rasch zu verschleißen.

Blinder Aktionismus

An einem normalen Dienstagmorgen, im Kontrollraum von Delta-Watch, einem auf Überwachungstechnik spezialisierten IT-Unternehmen. Per Satellitenverbindung lässt sich hier der Maschinenstatus von Frachtschiffen weltweit abfragen – in Echtzeit. Die Überwachung der Systeme geschieht vollautomatisch. Im Problemfall geht eine E-Mail ein mit dem Betreff: Alarm! Dann heißt es schleunigst handeln.

Blip! Blip! Blip!

Na toll. Erst stundenlang nichts und jetzt Fehlfunktionen auf gleich drei Schiffen auf einmal. Carl Petersen vom Kontrollcenter-Team eilt zum Terminal hinüber und schaut sich die zuerst eingegangene Mail an. Schön der Reihe nach alles abarbeiten, denkt er sich.

Von einem 11 100-TEU-Containerschiff *(TEU: Twenty Foot Equivalent, d. h. 20-Fuß-Container, Anm. d. Red.)* im Ärmelkanal. Das Radar scheint ausgefallen zu sein. Wenig gravierend, schließlich haben die ja noch GPS, Sonar und außerdem dank guten Wetters kilometerweite Sicht. Nicht wie hier bei uns, mit diesem Dauerregen. Wird wohl 'ne Weile dauern, bis der Fehler lokalisiert ist. Also gleich mal die Datenanalyse starten.

Zwanzig Minuten später kann Petersen die nächste Mail checken. Mittlerweile sind acht weitere aufgelaufen.

Ein mittelgroßer Autotransporter, der gerade die Straße von Gibraltar passiert. Zwei der vier Dieselgeneratoren sind ausgefallen. Mist, das sollte ich mir genauer anschauen, bevor bei denen die ganze Stromversorgung zusammenbricht, denkt sich Petersen.

Eine Viertelstunde später – Petersen hat gerade alle Daten vorliegen, die für weitere Diagnose- und Reparaturmaßnahmen nötig sind – klingelt sein Telefon.

»Pennen Sie, oder was?«, bellt ihm grußlos die Stimme seines Chefs aus dem Hörer entgegen. »Ich habe gerade mit der Reederei Verskmægi gesprochen. Deren Schweröltanker Deep Black treibt völlig manövrierunfähig auf die Ostseeküste zu! Der Notruf müsste längst bei Ihnen eingegangen sein. Bei allem, was Ihnen lieb ist, tun Sie was, Mann, und zwar sofort! Es droht nicht nur ein Hundert-Millionen-Dollar-Schaden, sondern auch eine verheerende Umweltkatastrophe!«

Auch wenn keineswegs immer gleich der Super-GAU bevorsteht – ärgerlich sind solche Situationen allemal. Situationen, bei denen innerhalb kürzester Zeit viele Aufgaben auf einmal zu bewältigen sind, und die Mitarbeiter notorisch die falschen Entscheidungen treffen. Sie können nicht einschätzen, was absolut oberste Priorität verlangt, und machen halt irgendwas, das auch gerade ansteht. Es entgeht ihnen komplett, was am wichtigsten ist. Sie sehen nicht, wo es »brennt«.

Ursache dieser Betriebsblindheit ist oftmals Zeit- und Leistungsdruck. Gerade wenn Termine und Aufgaben gehäuft auflaufen, geht man gern zu blindem Aktionismus über. Alles andere gerät aus dem Fokus. Ganz davon abgesehen, dass das normale Tagesgeschäft ja weitergeht. Kollegen rufen an. Kunden wollen beraten werden. Da könnte der Tag auch gleich 48 Stunden haben. Zunächst denken sich die Mitarbeiter vielleicht noch: »Das schaffe ich, notfalls leg’ ich halt ein, zwei Überstunden ein!« Aber auf Dauer bekommen sie richtig Stress.

Kein Wunder, dass dann Dinge angepackt werden, nach dem Motto: »Wer zuerst kommt, mahlt zuerst.« Ohne dass man sich überhaupt die Frage stellt, ob die vermeintlich dringendste Aufgabe auch tatsächlich die wichtigste ist. Oder ob sich unter den später eingegangenen nicht die eine verbirgt, die wirklich keinen Aufschub duldet. Auf die die Firma angewiesen ist. Die vielleicht über die Zukunft des Unternehmens entscheidet!

Für solch komplizierte Abwägungen bleibt anscheinend einfach keine Zeit. Die Mitarbeiter rödeln drauflos. Sie agieren wie Getriebene. Die Folge ist, dass Ergebnisse oftmals nicht einmal den Qualitätsstandards entsprechen. Mitarbeiter eines Unternehmens, die blind und wie getrieben drauflos schuften, verhalten sich wie einzelne Wellen in einer Mechanik, die nicht sauber in einer Flucht zwischen den zu verbindenden Elementen ausgerichtet sind. Der falsche Fokus der Mitarbeiter, die schlechte Ausrichtung der Wellen, führt dazu, dass die Maschine schnell verschleißt. Wird sie nicht angehalten und sauber ausgerichtet, kommt es rasch zum Totalausfall.

Mitunter haben brenzlige Situationen unerfreuliche Konsequenzen – für alle Beteiligten. Die Mitarbeiter sind frustriert, weil sie das Gefühl haben, automatisch die falschen Entscheidungen zu treffen und immer nur Mist abzuliefern. Das trifft besonders diejenigen, die eigentlich das Gegenteil beabsichtigen. Die gute Arbeit machen wollen und ihre Leistung, ihren Nutzen im Unternehmen zu verbessern hoffen – und das sind die allermeisten.

Die Kunden melden sich verärgert zurück, wenn das fertige Produkt nicht dem Auftrag entspricht oder die bestellte Dienstleistung zu wünschen übrig lässt. Nicht zuletzt fällt der Schaden irgendwann auf das ganze Unternehmen zurück: Etwas nicht richtig zu machen, heißt, nicht produktiv zu sein. Langfristig drückt das auf den Profit. Im schlimmsten Fall geht das Vertrauen der Kunden verloren. Das Image des Unternehmens, seine Reputation im Markt beginnt auf Dauer zu leiden. Der Chef eines »Premium-Service«-Dienstleisters darf sich nicht wundern, wenn das »Premium« in seinem Firmenslogan bald nirgendwo mehr ernstgenommen wird.

Wenn Ihre Mitarbeiter die Prioritäten falsch setzen, ist das also für alle Beteiligten ärgerlich. Zum Glück ist das ein vermeidbares Übel.

Gute Vorsätze – vor allem die richtigen!

Jeder Chef wünscht sich, dass seine Mitarbeiter das Richtige tun, ohne dass er sie explizit dazu anweisen muss. Dass sie von sich aus adäquate Entscheidungen treffen. Dass sie selbstständig erkennen, welche Aufgaben und Projekte absolute Priorität haben, und die nächsten Arbeitsschritte dementsprechend festlegen. Wenn sich mal wieder herausstellt, dass dieser Wunsch vergeblich war, ist der Ärger groß.

»Himmeldonnerwetter, das haben Sie ja gründlich verbockt! Gewöhnen Sie sich endlich an, die richtigen Sachen zuerst zu machen!«

Das Problem ist: Wenn Sie Ihren Mitarbeitern erst im Nachhinein klarmachen, dass sie Zeit und Mühe in die falsche Sache investiert haben, nutzt ihnen das wenig. Wie hätten sie das vorher auch wissen sollen? Und vor allem: Wie sollen sie in Zukunft ahnen, was richtig ist und was nicht? Denn zum einen sind Prioritäten von Fall zu Fall neu zu bestimmen. Da heißt es, flexibel zu sein. Zum anderen kann sich jederzeit alles ändern, mitunter am selben Tag. Eine Prioritätenliste, die am Montagmorgen erstellt wurde, wird nie bis Freitagabend gültig sein. Vielleicht ist sie schon am selben Mittag wertlos, weil plötzlich der eine Großauftrag eingeht, auf den alle gehofft hatten.

Sie als Chef wissen natürlich am ehesten, was im Einzelfall wichtig ist. Sie wissen es, weil Sie Ihre unternehmerische Vision deutlich vor Augen haben. Sie kennen die Ziele Ihres Unternehmens am besten, haben eine klare Strategie, handeln im Schlaf nach Ihren Werten. Zu glauben, dass es Ihren Mitarbeitern ganz genauso geht, ist dagegen Illusion! Viel eher werden die Leute im Zweifelsfall ins Trudeln geraten. Selbst wenn sie an Ihre Vision angekoppelt haben, sich mit den Werten identifizieren und mit den Zielen vertraut sind: Es wird immer Situationen geben, in denen das, was gerade an erster Stelle stehen sollte, ums Verrecken nicht umgesetzt wird.

Wie können Sie also verhindern, dass es in solchen Situationen zu Konflikten kommt, und vor allem, dass Ihr Unternehmen auf Dauer Schaden nimmt? Indem Sie dreifach Vorkehrungen treffen: Als Erstes steht ein gedachter Helikopterflug an. Danach sorgen Sie für klare Prioritäten. Zu guter Letzt sorgen Sie dafür, dass Ihre Leute auf Dauer stark werden.

1. Ihre Mitarbeiter mit dem Hubschrauber abholen

In der Produktionshalle der Firma Signal Tech, die Schaltschränke für Ampelanlagen und Außenbeleuchtungen herstellt. Der leitende Ingenieur übergibt dem zuständigen Monteur die Konstruktionspläne.

»Lichter & Sohn haben fünf neue Schaltschränke geordert. Für die haben wir vor Kurzem schon mal einen Auftrag bearbeitet, wissen Sie noch?« – »Natürlich«, erwidert der Monteur. »Die elektrischen Teile müsste ich alle da haben, da brauche ich nicht mal auf die Bestellungen zu warten. Das dürfte diesmal rasch über die Bühne gehen.« – »Super, der Kunde erwartet die Lieferung nämlich so schnell wie möglich. Zwei Tage ist das Maximum. Gehen Sie's an!« Man verabschiedet sich. Der Monteur wirft einen flüchtigen Blick auf die Pläne und macht sich an die Arbeit. Alles läuft reibungslos. Als der erste Schrank am selben Nachmittag fertig ist, schaut er auf die Uhr. »Fünf Stunden!«, stellt er nicht ohne Stolz fest. »Das ist ein neuer Rekord. Für den letzten Schrank der früheren Serie hab' ich noch sechs Stunden gebraucht. Das nenn' ich effizient!« Sein Blick fällt auf ein Detail des Konstruktionsplans. Irritiert sieht er genauer hin. »Das darf nicht wahr sein! Zwölf Schütze pro Schaltschrank? Bei der letzten Serie waren es doch auch nur acht. Herrje, jetzt muss ich noch mal ganz von vorn anfangen!«

Oftmals fangen Mitarbeiter an, Aufgaben zu bearbeiten, obwohl ihnen das Ziel nicht hundertprozentig klar ist. Entweder es wurde falsch delegiert – oder die Anweisungen, selbst wenn sie in Papierform vorliegen, kommen nur zum Teil bei ihnen an. Auch während meiner Zeit als Unternehmer passierten Fehler dieser Art. Wir nahmen an, es sei klar, was der Kunde will, und stellten hinterher fest, dass es eben doch nicht klar war. Zu spät: Wenn man merkt, dass man an der falschen Sache gearbeitet hat, ist meistens bereits viel wertvolle Zeit verloren. Noch mehr davon geht für die Revisions- und Korrekturarbeiten drauf.

Viele Faktoren tragen dazu bei, dass der Blick für das große Ganze verlorengeht. Zum Beispiel Zeitdruck: Alles muss schnell gehen, weil die festgesetzte Deadline unaufhaltsam näher rückt. Ein weiterer Stolperstein ist die vermeintliche Vertrautheit mit der Aufgabe. Man hat das alles ja schon x-mal gemacht und denkt sich: »Umso besser, dann brauche ich ja keine Minute mit den Instruktionen zu verschwenden!«

Die Tatsache, dass alle benötigten Informationen sogar schriftlich vorliegen, ist nutzlos, da der aufgebaute Druck die Relevanz der Details völlig in den Hintergrund drängt. Der Mitarbeiter – vorausgesetzt, er ist nicht sowieso überfordert oder inkompetent – fühlt sich wie im Tunnel und legt sofort los. Er möchte seine Sache gut machen und ist bereit, wie verrückt zu arbeiten, nur um rasch zum Ziel zu kommen. Hauptsache produktiv: Die Details reimt er sich halt zusammen, um möglichst schnell zum Ergebnis zu gelangen.

Ohne dass es ihm bewusst ist, geraten so jedoch Sinn und Zweck, das eigentliche Ziel, kurz der erwünschte Effekt der Arbeit, aus dem Fokus. Die Ausrichtung des Mitarbeiters stimmt nicht mehr, bevor er überhaupt ans Werk geht. Erst wenn er glaubt, das Ziel erreicht zu haben, stellt er fest: »Ich habe das Ziel ja glatt verfehlt!« Er mag effizient gewesen sein – effektiv war er nicht.

Effizienz versus Effektivität

Stellen Sie sich vor, Sie müssten einen Baum in Ihrem Garten fällen. Sie haben drei Möglichkeiten, die Sache anzugehen. Für welche entscheiden Sie sich?

➤ Sie nehmen eine fabrikneue Heckenschere und fangen an, kleinere Zweige und Äste abzuschneiden.

➤ Sie nehmen eine stumpfe Axt und hacken damit auf den Stamm ein.

➤ Sie nehmen eine Motorsäge und trennen keilförmige Stücke aus der Basis des Stamms heraus, bis der Baum fällt.

Entscheiden Sie sich für die erste Variante, so können Sie durchaus gut vorankommen. Sie entwickeln Routine beim Abschneiden und Zerkleinern der Äste. Der Grünschnitt lässt sich leicht abtransportieren. Mit einem Wort, Sie legen eine beachtliche Effizienz an den Tag. Für eine Nebensache. Wenn diese aber getan ist – wie hoch ist die Aussicht auf einen vollends gefällten Baum?

Bei Variante zwei ist die Prognose da schon besser. Schließlich packen Sie das Problem sprichwörtlich bei der Wurzel. Warum sich auch mit den Ästen herumplagen, wenn das erwünschte Ziel doch darin besteht, den ganzen Baum zu fällen? Mit einem Wort, Sie sind äußerst effektiv. Nur werden Sie nach einer Stunde mit hoher Wahrscheinlichkeit einen Krampf im Arm bekommen. Und ob Sie mit der stumpfen Axt bis dahin viel mehr als die Borke angekratzt haben, ist ebenfalls fraglich. Ob der Baum bis zum Abend fällt? Wohl kaum!

Variante drei – Sie ahnen es bereits – bietet Ihnen die besten Aussichten auf absehbaren Erfolg. Dem Stamm mit der Motorsäge zu Leibe zu rücken, ist effektiv. Das schwere Gerät selbst gewährleistet die Effizienz des Vorhabens. Ein Rundum-Sorglos-Paket. Mit etwas Übung fällt der Baum binnen weniger Minuten!

Fazit:

Eine Aufgabe effektiv anzugehen, heißt zu entscheiden, was konkret zu tun ist. Anders ausgedrückt: *Was ist das Ziel?*

Dabei effizient vorzugehen bedeutet, eine Methode zu finden, um dieses Ziel möglichst einfach und schnell zu erreichen. Kurz gesagt: *Wie sieht der Weg zum Ziel genau aus?*

Beides ist nötig. Wichtig ist aber die Reihenfolge: Erst die Effektivität sicherstellen, dann die Effizienz. Logisch: Erst müssen Sie sicherstellen, *dass* Sie das Richtige tun, und dann erst überlegen, *wie* Sie das richtig tun.

Das Problem der Mitarbeiter, die es gut meinen, aber nicht gut hinkriegen, ist: Sie denken zuerst an die Effizienz. Damit sind sie dann so beschäftigt, dass sie die Effektivität völlig aus den Augen verlieren. Mit anderen Worten: Sie sehen den Wald vor lauter Bäumen nicht.

Damit Ihre Mitarbeiter nicht nur effizient, sondern vor allem auch effektiv vorgehen, müssen Sie sie vom operativen Level quasi auf eine höhere Ebene hinaufziehen, wo sich eine umfassendere Perspektive bietet. Laden Sie sie sozusagen auf einen imaginären Flug mit dem Hubschrauber ein, um sich die Aufgabe aus der Vogelperspektive anzuschauen und sich zu fragen: Entspricht das, was ich gerade mitbekommen habe, überhaupt der Aufgabe? Habe ich richtig verstanden, worum es geht? Habe ich das Ziel verinnerlicht? Bin ich effektiv? Erst wenn diese Fragen geklärt sind, kann der Mitarbeiter den Hubschrauber landen und entscheiden, wie er die Sache möglichst effizient in Angriff nimmt.

Was dieser Taktik zuwiderläuft, sind viele Aufgaben auf einmal. Je länger die Liste der zu erledigenden Tasks und je knapper die verfügbare Zeit, desto mehr ist man versucht, gar nicht erst in den Überlegungsmodus zu gehen, sondern diesen Schritt zu überspringen und direkt in den Modus der Effizienz zu wechseln. Davor sind nicht einmal die Führungskräfte, geschweige denn der Unternehmer selbst, gefeit.

»Ich hab ja so irre viel zu erledigen bis heute Abend, wie soll ich das denn alles schaffen, wenn ich vorher noch ewig lang hin und her überlege?«

Viele Mitarbeiter glauben, unproduktiv zu sein, wenn sie »nur« überlegen. Wer tief im Tagesgeschäft steckt und bis zum Hals in Aufgaben und Terminen zu versinken droht, hat verständlicherweise wenig Lust auf die Aussicht, noch mehr Zeit zu verlieren. Doch je komplexer die Aufgaben, desto wichtiger wird der Blick für deren jeweilige Effektivität. Die Reihenfolge ist entscheidend: Nur wer in den Helikopter steigt und sich über das Ziel klar wird – etwa den Baum zu fällen –, kann den geeigneten Weg einschlagen, indem er zur Axt oder Motorsäge greift. Produktiv zu sein bedeutet einzig und allein, das Richtige zu tun – und das auf effiziente Weise.

> **Turbo-Tipp: Anforderungen checken**
>
> Ihre Mitarbeiter sollten Gelegenheit bekommen, Pläne und Anforderungslisten auch bei ähnlichen beziehungsweise wiederholten Aufträgen genau zu studieren. Es muss völlig klar sein, was genau die Aufgabe ist. Bei der Übergabe muss der Projektleiter seine Mitarbeiter explizit auf Neuerungen oder sonstige bekannte Unterschiede hinweisen. Am besten werden diese im Auftragsblatt gleich mit einem Textmarker farblich hervorgehoben.

Als Chef dürfen Sie generell mit gutem Beispiel vorangehen und Ihren Mitarbeitern zeigen, dass es sich lohnt, in den Helikopter zu steigen. Nehmen Sie Ihren Leuten die Flugangst. Weil man grobe Fehler gleich vermeidet und unnötige Nacharbeiten entfallen, ist die Zeit gut investiert und lässt sich an anderer Stelle wieder einsparen. Öffnen Sie Ihren

Leuten die Augen, damit niemand anfangen muss, blind drauflos Zweige zu schneiden. Damit Sie möglichst schon vor der Mittagspause die erfreuliche Rückmeldung erhalten: »Baum fällt!«

2. Klare Prioritäten setzen

Mittwoch. Der Chef eines kleinen Metallbau-Unternehmens mit 25 Mitarbeitern betritt freudestrahlend die Werkhalle. Nach einigem Gestikulieren sind die Maschinen soweit heruntergefahren, dass er sich verständlich machen kann.

»Leute, der Auftrag für die Metallfassade der neuen Media Academy geht an uns!«, ruft er. Seine Mitarbeiter jubeln. »Aber es muss so schnell gehen wie nur irgend möglich, die feiern nämlich in drei Tagen Eröffnung«, ergänzt der Chef. »Gehen Sie's gleich an, und beeilen Sie sich!«

Eine Stunde später öffnet sich erneut die Tür zur Werkhalle. Mit höchst zufriedener Miene kehrt der Chef zurück. Er wedelt mit einem Stapel Millimeterpapier. »Heute ist unser Glückstag!«, verkündet er, kaum dass der Lärm abgeebbt ist. »Gerade hat ein riesendicker Fisch angebissen. Die Simply-Invest-Bank renoviert ihr Bürogebäude. Es geht um Fenster, Türen und Treppenhäuser, komplett mit den Decken.« Die Mitarbeiter klatschen und johlen, während der Werksleiter die Dokumente in Empfang nimmt. »Es eilt immens, also tun Sie Ihr Bestes!«, ruft der Chef noch, während er zum Ausgang eilt. »Und tun Sie's sofort!« – »Gerne«, erwidert der Werksleiter, »aber ...« Doch sein Chef ist bereits aus der Halle verschwunden.

Selbst wenn Ihre Mitarbeiter nicht nur effizient sind, sondern auch effektiv arbeiten wollen, heißt das noch lange nicht, dass sie das auch immer hinbekommen. Eine vollgepackte Auftragslage kann sehr rasch zu lähmenden Konfliktsituationen führen. Ohne explizite Anweisung auf sich selbst gestellt, schaffen Ihre Mitarbeiter es nicht, die Prioritäten festzulegen.

Je nach Charakter, Erfahrung und aktueller Stimmung Ihrer Mitarbeiter kann sich das auf verschiedene Weise äußern. Nicht ungewöhnlich ist eine Art Schockstarre: Weil völlig unklar ist, was ich am besten zuerst tun soll, und mir auch keiner einen Tipp gibt, was im Namen von Sir Isaac H. Newton das sein könnte, warte ich einfach ab. Sitze die Sache aus. Irgendwann wird mir schon was einfallen. Und wenn nicht, reime ich mir halt was zusammen. Etwas, das einigermaßen vertretbar ist.

Die Grenze zur zweiten, ebenfalls wahrscheinlichen Reaktion ist fließend: Als Mitarbeiter gehe ich die Sache positiv an. Ich versuche umzusetzen, was nach bestem Wissen und Gewissen realisierbar ist. Tiefergehende Überlegungen interessieren mich nicht. Hauptsache, ich komme erst mal klar und habe Freude an dem, was ich tue.

Nahtlos schließt sich eine dritte typische Reaktion daran an: Ich tue gleich einfach das, was ich kann, und was mir am meisten Spaß macht. Wer schlägt sich auch gern mit einer schnöden Metallfassade herum, wenn er stattdessen ein modernes Treppenhaus designen kann! Klingt ja auch gleich viel besser, wenn ich Kollegen und Freunden davon erzähle.

Das Gemeine ist: Solche Entscheidungsprozesse passieren unbewusst und in rasantem Tempo. Man traut sich nicht zu hinterfragen. Abzuwägen, rückzufragen. Und man betrügt sich selbst! Wie oft erlebt man das: Am Ende des Tages hat man doch bloß die Hälfte von dem geschafft, was man erreichen wollte, und wird einen Kunden vertrösten müssen. Oder die wirklich lästigen Aufgaben stehen immer noch bevor.

»Na ja, ich hatte ja auch genug anderes zu tun! Wie hätte ich denn neben der Treppe auch noch ein Geländer entwerfen sollen? Und am besten gleich noch die Fassade mit dazu?«

Die Prioritäten waren einfach nicht geklärt. Das Ziel war nicht sauber definiert. Die Effektivität verschenkt. Und zwar vom Chef! Indem er nicht klargestellt hat, welcher Kunde der wichtigere und welcher Auftrag deshalb zuerst zu erledigen ist, bringt er seine Mitarbeiter höchst selbst in die Bredouille.

Nicht immer muss es so blöd laufen. Was passiert im umgekehrten Fall? Wenn der Chef sehr wohl klar kommuniziert, dass die Fassade wegen der bevorstehenden Eröffnung als Erstes gefertigt werden soll? Wie stellen Sie dann sicher, dass Ihre Mitarbeiter ein Level tiefer, auf der Ebene ihrer alltäglichen Aufgaben, die richtigen Prioritäten erkennen und entsprechend setzen?

Indem Sie Ihnen helfen. Indem Sie Ihre Ziele, Ihre unternehmerische Vision kommunizieren. Wenn Sie wissen, dass der Bereich Metall die Kunden-Key-Branche Ihres Unternehmens ist, werden Sie sich hier servicemäßig gut aufstellen. Dann haben Angebote in diesem Bereich oberste Priorität. Eine Anfrage aus der Papierindustrie passt dann eher nicht zu Ihrem Unternehmen, und das sollten auch Ihre Vertriebsleute beherzigen. Sie müssen das Angebot ja nicht ausschlagen. Aber Sie können andere, dringendere Aufträge und Angebote aus dem eigentlich anvisierten Branchenbereich vorziehen. Der Knackpunkt ist: Ihre Mitarbeiter im Vertrieb, aber auch in der Produktion, müssen davon in Kenntnis gesetzt sein. Versorgen Sie sie mit den nötigen Infos – andernfalls hat für sie alles dieselbe Priorität!

Gut möglich, dass Sie hier am Anfang gegen Wände rennen. Dass Ihre Mitarbeiter Schwierigkeiten haben mit der Priorisierung, obwohl Sie als Chef glauben, die Idee klar kommuniziert zu haben. Rechnen Sie damit, dass es Leute gibt, die es alleine nicht schaffen, in den Hubschrauber zu steigen und sich einen Prioritäten-Überblick zu verschaffen. Gerade wenn Ihre Mitarbeiter jahrelang eine andere, autoritärere Unternehmensführung gewohnt sind – sei es, weil der frühere Chef ihnen nicht viel Freiraum ließ, sei es, weil Sie selbst erst vor Kurzem Ihren Führungsstil weiterentwickelt haben –, werden sich die meisten zunächst unwohl und überfordert fühlen. Ein paar wenige ziehen vielleicht sofort mit, ein paar andere langfristig gar nicht – selbst wenn sie es wollten –, und die breite Masse braucht schlicht Zeit, um sich neu zu orientieren.

Mit reinen Erklärungen zu arbeiten ist da wenig hilfreich. Man wird Ihre Ratschläge abnicken – und bei der Umsetzung doch wieder scheitern. Zeigen Sie Ihren Mitarbeitern stattdessen, worum es Ihnen geht, indem Sie es vorleben.

> ## Turbo-Tipp: To-do-Liste machen
>
> Geben Sie es ruhig zu: Auch als Chef bevorzugen Sie bestimmte Aufgaben, die mehr Spaß machen als andere. Dabei wissen Sie genau, dass es an manchen Vormittagen wichtiger ist, Steuerunterlagen zu bearbeiten oder die wichtige Präsentation vorzubereiten, anstatt bei einer Tasse Kaffee E-Mails zu beantworten.
>
> Um sich selbst auf die wirklich wichtigen Tätigkeiten zu fokussieren, hilft eine To-do-Liste, die Sie bereits abends erstellen. Notieren Sie die vordringlichen Aufgaben zuerst, besonders wenn Sie sie unangenehm finden. Am nächsten Morgen prüfen Sie die Liste – und arbeiten stur die oben stehenden, lästigen Tätigkeiten ab.
>
> Genießen Sie danach das verdiente Gefühl, sich nicht »gedrückt« zu haben. Jetzt können Sie das restliche Tagesgeschäft mit freiem Kopf bewältigen!

Es genügt allerdings noch nicht, wenn Sie hinter verschlossener Bürotür Ihre To-do-Listen nach Prioritäten sortieren. Sie müssen auch dafür sorgen, dass Ihre Mitarbeiter das mitbekommen. Machen Sie Ihre Art, Prioritäten festzulegen, transparent. Und ermutigen Sie Ihre Mitarbeiter, die Methode zu übernehmen und selbstständig Prioritäten zu setzen.

Donnerstagmorgen. Bei zwei verschiedenen Unternehmen finden Meetings bezüglich der anstehenden Projekte statt. In den letzten zwei Tagen sind eine Handvoll Aufträge eingegangen.

Der Chef von Unternehmen A weist seine Leute schlicht an: »Jeweils ein Auftrag für Müller, Meier, Becker, Hofer und Schuster. Das war's, Leute. Machen Sie!«

Der Chef von Unternehmen B wendet sich an den Mitarbeiter Schmidt, der Menschen recht gut führen kann, mit der Priorisierung von Aufgaben jedoch bislang kein glückliches Händchen hat. »Herr Schmidt, wir haben fünf Aufträge von fünf unterschiedlichen Kunden. Das und das wird in dem und dem Zeitrahmen erwartet. Wem würden Sie Vorrang geben, wen hintenanstellen? Wenn etwas nur gleichzeitig zu machen ist, wie würden Sie die Projekte innerhalb unserer Teams aufteilen?«

Es ist offensichtlich, welcher Chef seinen Mitarbeitern mehr Gelegenheit bietet, etwas dazuzulernen. Die Erfahrung zeigt, dass es durchaus möglich ist, Mitarbeiter im laufenden Betrieb zu »coachen«. Durch die Herausforderung entwickeln sie sich weiter – und beginnen im Idealfall, nach den richtigen Kriterien zu denken. Mit der Zeit werden die Prioritäten selbstständig festgelegt. Die Produktivität erhöht sich.

Unter Umständen braucht es dabei mehrere Anläufe. Sie werden feststellen, dass sich bestimmte Mitarbeiter langfristig positiv weiterentwickeln. Anderen fehlen dazu eventuell Ausdauer und Kompetenz. Es muss nicht gleich böse Absicht dahinterstecken, wenn jemand über Wochen nur eine ganz flache Lernkurve hinlegt. Vielleicht macht es auch erst nach einem halben oder Dreivierteljahr »klick«.

Wenn aber nach einem Jahr immer noch keine Besserung in Sicht ist, sollte die Position des betreffenden Mitarbeiters überdacht und gegebenenfalls verändert werden. Bestimmte Aufgaben setzen Fähigkeiten, Kompetenzen und Verantwortungsbereitschaft voraus, die nicht jeder mitbringt beziehungsweise mittelfristig erwerben kann. Im Einzelfall kann jemand durchaus ein verlässlicher Facharbeiter sein. Es liegt an Ihnen als Chef, eine Nische in Ihrer Unternehmensstruktur auszumachen, wo der Betreffende gut aufgehoben ist, sich wohlfühlt und seine Fähigkeiten optimal einbringen kann.

Um selbstständig Prioritäten setzen zu können, brauchen Ihre Mitarbeiter Kompetenz. Sie brauchen aber auch noch etwas anderes, das so grundlegend ist, dass es manchmal übersehen wird: die nötigen Informationen. Damit sie die bekommen, muss der Informationsfluss im Unternehmen geregelt sein.

Vorsicht, wenn Ihr Unternehmen rasch wächst!

Wie bei Facebook zu Anfangszeiten sieht es in vielen Start-ups aus: Alle arbeiten in einem Großraumbüro zusammen. Es gibt nur einen internen Kommunikationsweg, nämlich den direkten: Bei eingehenden Aufträgen ruft einer, und alle kriegen mit, was Sache ist.

Das funktioniert aber irgendwann nicht mehr. Spätestens wenn sich Ihre Mitarbeiter auf getrennte Räume und mehrere Büros verteilen, brauchen sie Schnittstellen – am besten schriftlicher Art. Vielleicht fällt es den Leuten schwer, sich daran zu gewöhnen: »Wir haben das doch immer auf Zuruf gemacht, und es hat geklappt!« Nur: Jetzt werden mit Zurufen bestenfalls noch 40 Prozent aller Ohren erreicht. Also müssen neue Prozesse und Informationskanäle geschaffen werden.

ISO-9000-Zertifizierungen und umfangreiche Qualitätshandbücher, wie sie in Großunternehmen üblich sind, bringen nur etwas, wenn sie nicht nur gelesen – und zwar nicht nur von Qualitätsbeauftragten und -prüfern –, sondern auch umgesetzt werden. Was oft genug unter den Tisch fällt.

Daher: Führen Sie nur wenige, überschaubare Prozesse ein, aber achten Sie darauf, dass jeder im Unternehmen sich konsequent daran hält.

Mitarbeiter, die sich darauf verstehen, Prioritäten zu setzen, und die nötigen Informationen dafür haben, arbeiten viel effektiver. Aber nur unter einer Voraussetzung: Sie müssen ihre Entscheidungen auch umsetzen können.

3. Ihre Leute auf Dauer stark machen

In der Kundenbetreuung eines aufstrebenden Dienstleistungsunternehmens für Energieberatung. Berit Sommer ist mit der Vorbereitung eines Beratungstermins beschäftigt. Der Kunde ist schwierig, sie muss sich auf alle Details konzentrieren. Auf einmal kommt der Chef auf sie zu, öffnet die Glastür zu ihrem Büro und klatscht ihr einen dicken Folder mitten auf die Dokumente, die sie auf ihrem Schreibtisch ausgebreitet hat.

»Frau Sommer, Passivhäuser sind ja Ihr Spezialgebiet, da haben Sie doch so viel Erfahrung. Heute Nachmittag steht eine Präsentation zum Thema an, könnten Sie mich da bitte vertreten? Keine Sorge, das Material ist schon komplett. 15 Uhr, im Konferenzraum 2 ... « Sein Handy klingelt, die Glastür schließt sich, und weg ist er.

Berit Sommer wirft einen Blick in ihren Kalender. Für 14.30 Uhr war eigentlich der Beratungstermin angesetzt – der letzte Woche schon zweimal vertagt werden musste. Sie weiß: Der Kunde wird sich kein weiteres Mal vertrösten lassen. Und dass sie sich zuletzt mit Passivhäusern beschäftigt hat, ist auch schon Monate her. »Na toll«, denkt sie sich, »jetzt darf ich mal wieder alles umschmeißen. Wenn er nur nicht ständig mit etwas komplett Neuem reinplatzen würde!«

Sind sie erst einmal abgelenkt, haben die meisten Menschen es schwer, in ihre vorherige Arbeit zurückzufinden. Man fühlt sich herausgerissen und braucht einige Zeit, um wieder hineinzukommen. Bei wiederholten Störungen ist kein anhaltendes Konzentrationsniveau möglich. Das Phänomen ist als Sägezahn-Effekt bekannt.

Störungen und Ablenkungen können viele Ursachen haben. Nicht immer platzt der Chef mit einer neuen Aufgabe herein. Das Telefon klingelt. Ein Kunde beschwert sich. Mails wollen gecheckt und beantwortet werden. In manchen Betrieben gibt es Publikumsverkehr. Man muss auf die Toilette. Ein Kollege tritt ein, und man hält ein Schwätzchen. Jemand sucht irgendeinen Aktenordner. All diese Unterbrechungen sind für die Mitarbeiter ärgerlich. Für das Unternehmen und damit für Sie noch mehr.

Ihre Mitarbeiter bei einer konzentrierten Beschäftigung zu stören, ist gleich in zweierlei Hinsicht kontraproduktiv: Zum einen durchbricht jede Ablenkung ihre Effizienz, da mehr Zeit für dieselbe Leistung nötig wird. Zum anderen gefährden Störungen im ungünstigsten Fall ihre Effektivität. Das Ziel gerät aus dem Blickfeld. Entscheidend ist: Wer sich ablenken lässt, tut nicht das Richtige!

Von Ihren Mitarbeitern erhalten Sie mehr Leistung und Produktivität, wenn diese ungestört ihre Arbeit machen. Der Nutzen für Ihr Unternehmen erhöht sich insgesamt! Und der Weg dorthin fängt im Kleinen an. Es sollte Ihren Mitarbeitern gestattet sein, einen Zettel an die geschlossene Tür zu hängen:

»Bitte nicht stören (10–12 Uhr)!«

Sogar Sie als Chef sollten das respektieren. Oder vielmehr: Vor allem Sie als Chef sollten es respektieren. Wer soll mit gutem Beispiel vorangehen, wenn nicht Sie? Klopfen Sie nur im äußersten Ernstfall – jedoch nicht, nur weil Sie gerade zwischendrin mal Zeit haben und später womöglich nicht mehr erreichbar sind. Zur Not gibt es andere Kommunikationswege wie E-Mail, oder Sie hinterlassen dem Mitarbeiter Ihrerseits eine Notiz.

Außerdem muss es den Mitarbeitern erlaubt sein, Aufgaben geringerer Priorität abzulehnen oder zu verschieben. Ein »Nein« sollte nicht prinzipiell als Affront verstanden, sondern – je nach Begründung und Situation – im Einzelfall respektiert und als Beitrag zur Gesamteffektivität geschätzt werden. Mitarbeiter sollten sich nicht winden müssen, um dem Chef mit einem »Nein« zu begegnen. Der Chef wiederum muss lernen zu spüren, ob das »Nein« eines Mitarbeiters stimmig ist oder nicht.

> **Turbo-Tipp: »Enttäuschung« erwünscht!**
>
> »Äh … sorry, Chef, dass ich Sie enttäuschen muss, aber … ich weiß nicht, wie ich das Ergebnis von Projekt A bis übermorgen auf die Reihe bekommen soll, wenn ich jetzt auch noch überraschend die Vorbereitungen für Projekt B starte!«
>
> Der Chef runzelt die Stirn: »Im Gegenteil – danke für die Rückmeldung. Enttäuscht hätten Sie mich nur, wenn Sie mir nicht Bescheid gegeben hätten!«
>
> Sofern Ihre Mitarbeiter gelernt haben, mit dem Helikopter aufzusteigen und die jeweils aktuellen Prioritäten einzuschätzen, gilt

> es als Nächstes, das Vermeiden von »Enttäuschungen« nicht zum dicken Teppich zu machen, unter den mal eben Fehler und Probleme gekehrt werden. Jeder hat die Pflicht und Schuldigkeit rückzumelden, wann immer abzusehen ist, dass ein nach bestem Wissen und Gewissen zugesagtes Projekt nicht realisiert werden kann – etwa, weil sich die terminlichen, personellen oder die Prioritäten betreffenden Umstände geändert haben. Es muss Mitarbeitern nicht nur erlaubt sein, im Ernstfall die Hand zu heben, sondern sie sollten wissen, dass sie das dann unbedingt tun müssen!
>
> Dies kommt auf Dauer der angestrebten Kultur der Verantwortung und des Vertrauens in Ihrem Unternehmen zugute.

Je nach Tätigkeitsfeld eines Mitarbeiters kann es sogar sinnvoll sein, weitere Freiheiten einzuräumen. Bei einer Sekretärin oder einem Maschinenarbeiter halten sich diese natürlich in Grenzen. Ein Programmierer dagegen kann theoretisch auch zu Hause konzentriert und ungestört an seiner Software werkeln. Da macht es bei Bedarf im Einzelfall Sinn, die Möglichkeit des Home-Office zu gewähren.

Auch für Vertriebsleute, die Präsentationen vorbereiten, kann es von Vorteil sein, sich vorübergehend komplett aus dem Unternehmen herauszuziehen. Mit Einschränkungen: Zu wichtigen Besprechungen und Meetings muss der Mitarbeiter natürlich in der Firma erscheinen. Auch lehrt die Erfahrung, dass diese Art der Arbeit nur bei Leuten funktioniert, die die Ziele des Unternehmens verinnerlicht haben, dicht an die Vision angekoppelt sind und zuverlässiges eigenständiges Zeitmanagement bewiesen haben. Unter diesen Voraussetzungen liefert ein Mitarbeiter in viereinhalb Stunden mehr und bessere Resultate ab, als wenn er den ganzen Tag über mit vielen Störungen und ständiger Ablenkung im Betrieb sitzt!

Was für die Mitarbeiter gilt, gilt übrigens erst recht für den Chef. Auch er muss seinerseits, wenn es die Situation erfordert, signalisieren dürfen: »Ich bin verfügbar, aber nicht durchgängig ansprechbar!« Zum einen, um sein Pensum zu schaffen, zum anderen, um seinen Mitarbeitern zu zeigen, dass es ok ist, sich ab und zu mal auszuklinken.

Bestes Beispiel hierfür sind längere Meetings. Stellen Sie sich vor, sechs Personen sitzen drei Stunden zusammen, trinken gemütlich Kaffee und diskutieren. Zum einen ist die Verlockung groß, sich insgeheim nur deshalb der Wohlfühlatmosphäre des Meetings auszusetzen, um andere, lästigere Aufgaben zu vermeiden. Diese Aussicht zieht selbst Leute an, die eigentlich gar nichts in dem Meeting verloren haben. Zum anderen sind die Kosten fürs kollektive Herumsitzen immens: sechs Leute mal drei Stunden mal den Stundensatz eines Mitarbeiters.

Turbo-Tipp: Meetings effektiv und produktiv gestalten

Damit anstehende Meetings nicht zur Wohlfühl-Kaffeestunde verkommen, achten Sie bei der Gestaltung auf ein paar wesentliche Punkte:

➤ Legen Sie im Vorfeld eine Agenda fest.

➤ Achten Sie darauf, dass es triftige Gründe beziehungsweise einen einwandfreien Anlass für das Meeting gibt.

➤ Klären Sie inhaltliche Bezüge zur unternehmerischen Vision und zu den angepeilten Zielen ebenso vorher ab wie strukturelle Fragen: Soll etwas präsentiert werden? Wird es Abstimmungen oder Ähnliches geben?

➤ Ziehen Sie das Meeting effizient durch. Vertrödeln Sie keine Zeit – mehr als eine Stunde sollte es keinesfalls dauern. Jenseits dieser Zeitmarke kommen erfahrungsgemäß keinerlei bahnbrechende Ergebnisse mehr hinzu.

➤ Lassen Sie die Ergebnisse des Meetings in einem Protokoll schriftlich festhalten. Meetings ohne konkrete, nachvollziehbare Ergebnisse sind in aller Regel wertlos.

Wenn Sie wissen, dass es im Meeting hauptsächlich um den Austausch von Informationen gehen wird, bietet es sich an, die Agenda im Hinblick auf die Effizienz zügig abzuhandeln. Mehr als eine halbe Stunde sollten Sie kaum dafür brauchen.

Stehen dagegen ein Brainstorming oder längere Diskussionen an, dann testen Sie einmal, ob Ihre Mitarbeiter eigenständig zu Ergebnissen kommen. Klinken Sie sich aus – verlassen Sie das Meeting. Kehren Sie zur letzten Viertelstunde zurück, um sich die gesammelten Lösungsvorschläge anzuhören. Der Vorteil liegt auf der Hand: Seitens Ihrer Mitarbeiter werden mehr eigenständige Ideen abgewogen, da Sie ihnen nicht dreinreden können. Trotzdem behalten Sie die Kontrolle über die Ergebnisse, die Ihnen am Ende präsentiert werden. Dann können Sie gegebenenfalls immer noch Einfluss nehmen. Obendrein haben Sie auch noch Zeit gespart.

Und ich verspreche Ihnen: Sie tragen unmittelbar dazu bei, dass Ihre Mitarbeiter mehr Produktivität und Selbstständigkeit entwickeln. Auf Dauer machen Sie sie damit stark. Und damit nicht zuletzt auch Ihr ganzes Unternehmen.

Kurz und bündig

➤ Vermeiden Sie blinden Aktionismus. Bevor Sie versuchen, effizient zu sein, seien Sie effektiv: Überlegen Sie sich, ob die anstehenden Aufgaben Sie dem Ziel näherbringen.

➤ Nehmen Sie den Hubschrauber. Verschaffen Sie sich einen Überblick aus der Vogelperspektive: Was ist das Ziel, wo will ich hin?

➤ Geben Sie Ihren Mitarbeitern zu Stoßzeiten klare Prioritäten vor. Helfen Sie ihnen, diese in Zukunft selbstständig zu bestimmen – im kleinen wie im größeren Maßstab.

➤ Kommunizieren Sie Ihren Mitarbeiten, dass es mitunter produktiver ist, einen Schritt zurückzutreten und »nur« nachzudenken.

➤ Erziehen Sie Ihre Leute zu selbstständigen Mitarbeitern, die sich während wichtiger Aufgaben nicht ablenken lassen und sich auch mal komplett ausklinken dürfen.

➤ Tun Sie dasselbe, indem Sie nicht an jedem Meeting teilnehmen oder sich bewusst nur die Ergebnisse anhören. Achten Sie außerdem generell darauf, Meetings von vornherein produktiv zu gestalten.

Kapitel 5
Ich hab' es meinen Mitarbeitern zehnmal gesagt, und wieder ist nichts passiert!

Wie Ihre Mitarbeiter endlich tun, was Sie von ihnen erwarten

Einkuppeln: Vorgang, bei dem ein Kraftschluss zwischen Motorscheibe und Kupplungsscheibe hergestellt wird. Bei einem Fahrzeug mit Schaltgetriebe geschieht dies üblicherweise durch Loslassen des Kupplungspedals, nachdem ein neuer Gang eingelegt wurde. In herkömmlichen KFZ-Kupplungen sorgt die sogenannte Membranfeder dafür, dass die beiden Scheiben beim Einkuppeln von einer Druckscheibe zusammengepresst werden. Langsames Einkuppeln ermöglicht das sanfte Anfahren des Fahrzeugs. Nach einem Wechsel der Getriebestufe, also dem Einlegen eines anderen Gangs, bewirkt das Wiedereinkuppeln, dass die Bewegungsenergie des Motors über das Getriebe auf die Räder übertragen wird.

Gestörter Empfang – oder?

»Möchte mal sehen, wie meine Vertriebsleute den Launch des neuen High-End-Dampfreinigers vorbereiten«, denkt Dirk Hahne, Geschäftsführer der Hahne GmbH für Haushaltsgeräte, auf dem Weg zur Vertriebsabteilung. Die Details des Launchs sind in der Woche zuvor in zahlreichen Meetings besprochen worden.

»Marketingkonzept CleanOne«, ist auf einem Flipchart zu lesen, das auch in den Meetings benutzt wurde. Auf einem Schreibtisch liegen Dokumente zum Thema Early Adopters, Kundenbindung und After-Sales-Management rund um das neue Produkt. Auf den Bildschirmen des Social-Media-Teams prangen die Logos von Facebook und Twitter, und es werden fleißig Beiträge getippt.

»Sieht ja alles gut aus«, denkt sich Dirk Hahne zufrieden und möchte schon in sein eigenes Büro zurückkehren, da bekommt er zufällig Gesprächsfetzen eines Telefonats mit. »Sind Sie an einem Set Zusatzdüsen für Ihren Combi-Sauger interessiert?«, fragt eine der Vertriebsmitarbeiterinnen, »… ganz neu … wird im Moment sehr gut angenommen …«

Irritiert schaut sich Hahne noch einmal um. Sein zweiter Eindruck ist ganz anders als der erste: Das Flipchart steht unbeachtet in einer Ecke. Die Dokumente auf dem Schreibtisch wirken wie achtlos abgelegt, niemand kümmert sich darum. Argwöhnisch zückt er sein Smartphone: Auf der Facebook-Seite seines Unternehmens steht zuoberst der Hinweis auf ein Gewinnspiel mit einem wertvollen Schlauchsortiment als Hauptpreis. Darunter der letzte, vor wenigen Minuten gepostete Eintrag, in dem Reinigungsmittel für die Luftbefeuchterkollektion beworben werden.

»Das ist doch wohl nicht wahr!«, murmelt Dirk Hahne fassungslos. »Die Promotion für den CleanOne müsste längst auf Hochtouren laufen. Stattdessen werden hier reihenweise tote Pferde geritten. Trotz aller Besprechungen null Einsatz für das neue Produkt!«

Manchmal ist es zum Verzweifeln: Ein innovatives Projekt steht an, ein neues Produkt soll auf den Markt. Die Vorbereitungsphase ist in vollem Gange. Kritische Teilaufgaben wurden an die richtigen Leute delegiert. Die Instruktionen sind klar, jeder Mitarbeiter kennt seine Aufgabe. Und Pi mal Fensterkreuz passiert exakt: gar nichts. Der eine verzettelt sich in Details, die mit dem vereinbarten Ziel wenig zu tun haben, der

Nächste arbeitet munter an einem Projekt weiter, das schon zwei Wochen vorher mangels Rentabilität gekippt wurde. Wieder andere scheinen von irgendwelchen Neuerungen in Bezug auf ihre Tätigkeitsfelder gar nichts mitbekommen zu haben. Fast als hätte man sie in tadschikischer Sprache instruiert!

In einer solchen Situation werden Sie als Chef erst mal ungläubig mit dem Kopf schütteln. Warum verhalten sich Ihre Leute bloß derart indifferent? Schließlich haben Sie doch Ihre Erwartungen deutlich formuliert! Sie haben mit den zuständigen Abteilungs- und Projektleitern gesprochen, die wiederum ihre jeweiligen Mitarbeiter instruiert haben. Womöglich gibt es sogar einen Folder, in dem alles schriftlich dokumentiert ist. Alles scheint idiotensicher – doch Ihre Leute geben sich schlicht kommunikationsresistent.

»Ich habe es ausführlich erklärt, und es steht groß und breit im Folder. Mehr kann ich nicht tun. Wenn die Leute nicht zuhören, wenn sie nicht lesen können, wenn sie es einfach nicht umsetzen wollen – ihr Problem!« Die Schuld der misslungenen Kommunikation bei Ihren Mitarbeitern zu suchen, liegt gefährlich nahe. Andererseits – Kommunikation setzt einen Sender und einen Empfänger voraus. Es ist immer einfacher, anzunehmen, das Problem liege am anderen Ende der Leitung. Klarer Fall, dass die Botschaft nicht ankommt, wenn der Empfänger nicht eingeschaltet ist. Aber das Signal hat auch dann keine Wirkung, wenn der Sender es auf einer Frequenz ausstrahlt, die der Empfänger nicht decodieren kann.

Und das bringt wiederum den Sender ins Spiel. Das Empfangsgerät kann er nicht neu justieren. Das Einzige, was er verändern kann, ist sein Signal, seine Botschaft – und die Art, wie er sendet.

Sie müssen also Ihre Botschaft so formulieren und mit solchen nonverbalen Signalen zusammen absenden, dass sie auch richtig bei den Mitarbeitern ankommt. Dabei geht es nicht nur darum, dass Ihre Mitarbeiter den Inhalt verstehen, sondern dass sie sich damit identifizieren können und wissen, was sie damit anfangen. Daran ankoppeln, gewissermaßen.

Misslingende Kommunikation zwischen dem Chef eines Unternehmens und seinen Mitarbeitern ist vergleichbar der gedrückten Kupplung in einem Fahrzeug. Der Fahrer kann einen beliebigen Gang einlegen und noch so viel Gas geben – lediglich der Motor heult auf, das Auto aber bewegt sich kein Ångström von der Stelle.

Ist die Kommunikation zwischen Chef und Mitarbeitern gestört, ist es kein Wunder, dass deren Tätigkeiten nicht zum gewünschten Ziel führen. Das Gute daran: Sie als Chef haben den Fuß auf der Kupplung. Und können dafür sorgen, dass Ihre Mitarbeiter Sie besser verstehen, indem Sie mit dem richtigen Feingefühl behutsam einkuppeln.

Dazu empfiehlt es sich, die eigene Kommunikation schrittweise zu überprüfen und wenn nötig anzupassen. Das erreichen Sie am ehesten, indem Sie sich angewöhnen, Ihre Botschaften klar zu formulieren, bevor Sie sie an Ihre Mitarbeiter senden. In einem zweiten Schritt nehmen Sie Ihre eigene Rolle als Unternehmensführer wahr, halten sich bewusst zurück und geben damit Ihren Mitarbeitern mehr Raum für eigene Initiative. Zu guter Letzt richten Sie Ihren kommunikativen Fokus auf Ihre Mitarbeiter, holen sie emotional ab und lernen, deren Sprache zu sprechen, um Botschaften adäquat, individuell und situationsgerecht zu »verpacken«.

1. Botschaften klar formulieren

Im Chefbüro der Falk Weinert & Co., eines Anbieters moderner Sicherheitstechnik, klingelt das Telefon.

»Chef, Lohmann hier, vom Vertrieb. Die Konkurrenz hat gerade ein biometrisches Schließsystem gelaunkt, ziemlich ähnlich wie das, was wir schon seit 'ner Weile planen. Dachte, das würde Sie interessieren.«

Verstimmt legt Weinert auf, nur um gleich wieder abzuheben und die Nummer seines Entwicklungsleiters zu wählen. Ein paar Minuten später betritt dieser sein Büro.

»Da sind Sie ja endlich«, empfängt ihn der Chef kühl. »Die ganzen 30 Mann Ihrer Abteilung halten wohl Winterschlaf! Anders ist es nicht zu erklären, dass wir immer hintendran sind. Ich hab' Ihnen schon mindestens zehn Mal gesagt, dass das alles schneller gehen muss! Jetzt hat uns die Hülock GmbH mit ihrem neuen Produkt mal wieder rechts überholt!«

Der Entwicklungsleiter zuckt die Achseln. »Chef, wir tun unser Möglichstes, und das in Top-Qualität! Sie wissen genau, dass wir unseren Iris-Scanner schon vor einem halben Jahr hätten releasen können. Allerdings ohne die zusätzliche Stimmerkennung. Um die zuverlässig zu machen, brauchen wir einfach Zeit. Sie wollten ja nicht drauf verzichten!«

»Natürlich nicht!«, ruft Falk Weinert verärgert. »Welcher seriöse Kunde würde auch ein Schließsystem kaufen, das auf einem einzigen biometrischen Merkmal beruht? Klar brauchen wir auch Stimmerkennung und Fingerabdruck-Scanner. Sie waren einfach zu langsam! Zum tausendsten Mal, werden Sie endlich schneller!«

Wenn die Kommunikation schiefläuft, kann das viele Ursachen haben. Selten liegt es daran, dass der Chef eines Unternehmens mit seinen Wünschen hinterm Berg hält. Im Gegenteil: Er hat zehn-, vielleicht sogar hundertmal gesagt, was er von seinen Mitarbeitern erwartet, und trotzdem geschieht nichts. Er glaubt, etwas delegiert zu haben, aber seine Mitarbeiter rühren keinen Finger. Er formuliert unmissverständlich, und doch scheint ihn niemand zu verstehen.

In der Produktion hat sich zum wiederholten Mal jemand verletzt? – »Wir brauchen strengere Sicherheitsvorkehrungen!«

Ein Wettbewerber launcht schon wieder ein ähnliches Produkt? – »Wir müssen viel schneller entwickeln!«

Die Mitarbeiter werden ihm in aller Regel sogar zustimmen. – »Genau, Chef, machen wir!«

Sie wissen, er hat recht. Im Idealfall teilen sie sogar aufrichtig seine Meinung. Trotzdem scheitern sie kläglich an der Umsetzung. Niemand weiß, was genau zu tun ist, um die Sicherheit in der Produktion zu erhöhen oder in der Entwicklung schneller voranzukommen. Die Worte werden gehört und verstanden – und verhallen trotzdem. Der Handlungsimpuls bleibt aus.

Der Knackpunkt ist: Der Chef hat sich zu vage ausgedrückt. Er spricht von einem abstrakten Effekt – ohne konkrete Schritte zu benennen. Doch halt! Ist das nicht eigentlich die richtige Taktik, um die Mitarbeiter zu Eigeninitiative zu bringen? Ist es nicht wünschenswert, dass sie das Ziel kennen und in der Pflicht sind, sich selbst zu überlegen, wie sie dorthin gelangen? Wie sie die Entwicklungsprozesse beschleunigen und die Produktionssicherheit optimieren?

Hand aufs Herz – wie viele Ideen zu genau diesen beiden Themen haben Sie als Chef von Ihren Mitarbeitern schon erhalten? Und wie viele davon hielten Sie für geeignet? Wenn auch nur eine einzige tatsächlich umgesetzt wurde, haben Sie Glück. Und gute Leute. Wahrscheinlicher ist jedoch, dass die Ideen im Sande verlaufen sind. Oder dass überhaupt niemand Ideen vorgebracht hat.

Das liegt aber nicht daran, dass Ihre Mitarbeiter nicht fähig wären, eigene Ideen zur Verbesserung des Arbeitsprozesses zu entwickeln. Eher daran, dass sie immer noch der Auffassung sind, das sei doch eigentlich Chefsache. Wenn Sie nicht klar sagen, dass Sie sich Vorschläge wünschen, werden die Mitarbeiter stillschweigend darauf warten, dass Sie die geeigneten Maßnahmen vorgeben. Solange Sie das nicht tun, passiert auch nichts.

Noch schwieriger wird es, wenn Ihre Mitarbeiter das Gefühl haben, dass der Chef ihre Vorschläge ablehnt – weil er sie für ungeeignet hält, weil er nicht bereit ist, bei Produktfeatures und Qualität Abstriche zu machen oder spezielle Ideen erst in der zweiten Entwicklungsphase einfließen zu lassen. Oder weil er generell keine Kompromisse eingehen will.

Das kommt in zwei Fällen vor: Erstens, wenn der Chef selbst bereits eine detaillierte Lösung in der Hinterhand hat und unbewusst erwartet, dass die Mitarbeiter von alleine genau darauf kommen. Zweitens – genau umgekehrt –, wenn der Chef selbst keine Idee hat, wie das Gewünschte zu erreichen ist. Er hat nur verschiedene Anforderungen, die alle gleichzeitig erfüllt werden sollen, doch das ist schwierig. Dafür, sich intensiv mit den Details auseinanderzusetzen, hat er aber gar keine Zeit, weil er seinen Aufgaben als Unternehmer nachkommen muss. Deshalb delegiert er die Lösungsfindung an seine Mitarbeiter, ohne bei den Anforderungen Prioritäten festzulegen.

Das führt dazu, dass den Mitarbeitern eine »Mission Impossible« auferlegt wird. Sie hören nur, dass sie zu langsam waren und schneller werden sollen, und sehen damit ihre Effizienz in Zweifel gezogen. Selbst wenn sie sich die Kritik zu Herzen nehmen, werden sie sich bei gleichbleibender Qualität zeitlich kaum verbessern. Zumal wenn die Arbeitsprozesse nicht weiter optimiert werden können.

Der Chef dagegen hat mit der vagen Ausdrucksweise ein Totschlagargument in der Hand, gegen das seine Mitarbeiter machtlos sind. Er ist in jedem Fall fein raus: Bei Krisen kann er sich darauf beziehen, dass man seiner Meinung nach schon längst hätte schneller werden müssen. Läuft es dagegen wider Erwarten gut, fühlt er sich bestärkt: »Sag' ich doch schon immer – einfach nur schneller werden, und der Erfolg stellt sich ein!«

Vage Formulierungen sind also eine Art Schutzmechanismus, auf den der Chef zurückgreift. Dabei bergen sie eine noch tiefere Gefahr. Nämlich dass der Chef wichtige Fragen und Entscheidungen zu vermeiden beginnt.

Risiko: schwammige Formulierung

Aus dem Protokoll eines Meetings:

»Entsprechend des Ergebnisses wurde die Entwicklung und Einführung einer Vertretungsregelung durchgeführt.«

Diese Formulierung ist in mancherlei Hinsicht problematisch. Sie klingt gestelzt und irgendwie wichtiger, als die Aussage ist. Amtssprache könnte hölzerner kaum sein. Das Ergebnis: Selbst wenn die Mitarbeiter verstehen, was gemeint ist, werden sie einen solchen Satz als Blabla, das sie nicht betrifft, abtun. Oder ihn als Spielmaterial für Bullshit-Bingo verwenden. Auf jeden Fall löst eine derart schwammige Formulierung keinen Handlungsimpuls aus.

Woran liegt das? Zum einen wird durch das Passiv vermieden, den Verantwortlichen beim Namen zu nennen. Zum anderen macht die Häufung von Substantiven den Satz schlechter verständlich. Nicht zuletzt ist das Ganze redundant – eine Einführung muss man nicht auch noch durchführen. Besser ist eine klare Formulierung wie:

»Es wurde eine Vertretungsregelung eingeführt.«

Besser, aber noch nicht ideal. Es bleibt die passivische Satzkonstruktion. Vielleicht verlief das Meeting unerfreulich, niemand wollte sich so recht festlegen, also hat der Chef am Ende gesagt: »Ich mache das jetzt so und so, Schluss, aus!« Das steht aber nicht im Sitzungsprotokoll; und dank des Passivs fällt es nicht auf. Also darf man auch nicht erwarten, dass sich im Nachhinein irgendwer für die Vertretungsregelung verantwortlich fühlt! Obwohl es schriftlich festgehalten wurde und sicherlich klar ist, wie und was genau zu tun wäre, wird mit 99-prozentiger Wahrscheinlichkeit niemand etwas tun. Weil nämlich nicht dabeisteht, wer. Und der Chef, der glaubt, etwas festgelegt oder gar delegiert zu haben, hat sich in Wahrheit – meistens unbewusst – vor der Entscheidung gedrückt!

Wer einen Beschluss vage formuliert, tut das normalerweise nicht, um sich vor der Verantwortung zu drücken. Sondern eher, weil er gar nicht merkt, dass ihm selbst das genaue Vorgehen noch unklar ist. Weil seine Gedanken schon beim nächsten Punkt auf der langen To-do-Liste sind.

Wenn Ihnen eine solche Formulierung »herausrutscht«, dann kann es sein, dass Sie damit Glück haben: Ihre Mitarbeiter entwickeln selbst gute Ideen, wie sie den Beschluss umsetzen können, und ihre Vorgehensweise funktioniert sogar. Wahrscheinlicher ist aber, dass die Mitarbeiter gar nichts daraus machen – oder das Falsche.

Wenn es am Ende schiefläuft, ist das für alle unerfreulich. Aber Sie gewinnen dabei zugleich eine wertvolle Erkenntnis: Zur Tagesordnung überzugehen, solange Ihren Mitarbeitern absolut nicht klar ist, wie sie eine bestimmte Aufgabe bewältigen sollen, ist nicht zielführend. Sie als Chef kennen die Ziele. Sie sind derjenige, der für Klarheit zu sorgen hat.

Deswegen: Achten Sie darauf, wie Sie kommunizieren. Reden Sie nicht um den heißen Brei herum, sondern versuchen Sie, auf den Punkt zu kommen. Drücken Sie sich präzise aus, ohne zwanghaft auf hölzerne Amtssprache oder Manager-Floskeln zurückzugreifen. Geben Sie Ihren Mitarbeitern konkrete Hinweise, wie eine Zielvorstellung umzusetzen ist, und stellen Sie ihnen nachvollziehbare Aufgaben.

Anstatt der vagen, allgemeinen Forderung, schneller zu werden, könnten Sie zum Beispiel Ihre Entwicklungs- und Vertriebsleiter in einem Meeting zusammenbringen. So lassen Sie Markt- und Entwicklersicht übereinkommen, wenn es darum geht, ein Produkt zu finden, das einerseits Kundenwünsche berücksichtigt und bei dem andererseits die Qualität stimmt. Und mit dem Ihr Unternehmen dem Wettbewerber zuvorkommt.

Haben Sie außerdem keine Skrupel, sich festzulegen, weil Sie fürchten, der Markt könnte das Produkt trotz möglicher Kompromisse nicht annchmen. Selbstverständlich kann es passieren, dass man sich festlegt und das Projekt dann floppt. Auch Unternehmer sind Menschen – und damit nicht vor Fehlern gefeit.

Als Unternehmer haben Sie die Verantwortung für das, was in Ihrem Betrieb geschieht. Verantwortung können Sie nur übernehmen, indem

Sie sich festlegen. Indem Sie präzise formulieren. Indem Sie – im übertragenen Sinne – handeln. Dieses Handeln als Unternehmensführer beinhaltet zum einen das richtige Delegieren, und dass Sie Ihren Mitarbeitern danach auch tatsächlich freie Hand lassen. Zum anderen müssen Sie hinter Entscheidungen, die Sie im operativen Tagesgeschäft getroffen haben, stehen. Weil Sie nicht nur Unternehmer sind, sondern auch ein Mensch. Menschen dürfen Fehler machen, Sie sind ja kein Roboter. Zum Menschsein gehört aber auch, die Verantwortung für eventuelle Fehler zu tragen. Wenn in Ihrem Betrieb etwas schiefläuft oder eines Ihrer Produkte floppt, liegt die Verantwortung ausschließlich bei Ihnen.

Um die Wahrscheinlichkeit möglicher Fehler und Flops von vornherein zu minimieren, sollten Sie Ihre Mitarbeiter dazu ermuntern nachzufragen, wann immer ihnen etwas unklar erscheint. Feedback zu geben, inwieweit eine Zielvorstellung innerhalb gesetzter zeitlicher und personeller Grenzen realistisch ist. Und natürlich rückzumelden, sobald sich ein Problem abzeichnet.

Turbo-Tipp: Präzise und aussagekräftig formulieren

Egal ob Sie ein Protokoll schreiben oder mündliche Aussagen treffen: Formulieren Sie Klartext, um Missverständnissen und unerwünschten Handlungsimpulsen vorzubeugen. Indem Sie Ihre Aussagen bewusst überprüfen, trainieren Sie sich auch eine wirkungsvollere Art zu kommunizieren an. Zu diesem Zweck gibt es ein paar einfache sprachliche Tricks.

➤ Formulieren Sie möglichst im Aktiv: Fordern Sie nicht, dass etwas »gemacht wird«, sondern finden Sie jemanden, der es macht.

➤ Bilden Sie einfache, klar strukturierte Sätze: »Herr Müller schreibt den Tagesbericht. Frau Döring verschickt die Pakete.«

➤ Verwenden Sie Verben statt Substantiven wenn möglich: Fassen Sie keinen »Beschluss«, sondern »beschließen« Sie.

➤ Vermeiden Sie Redundanzen wie »feste Überzeugungen«. Eine Überzeugung ist an sich schon fest – oder gar keine Überzeugung (sondern höchstens eine opportune Meinung).

> ➤ Vermeiden Sie Nonsens-Konstrukte wie das Wort »Zukunftsinvestition«. Kann man etwa in die Vergangenheit investieren?
>
> Lassen Sie sich Infos, die Sie auf diese Art weitergeben, wiederholen, wenn Sie sich nicht sicher sind, ob sie auch verstanden wurden. So stellen Sie sicher, dass die Botschaft angekommen ist.

2. Ihre eigene Rolle bewusst wahrnehmen

Strategiemeeting bei der Factobot Inc., einem auf Herstellung und Vertrieb von Industrierobotern spezialisierten Maschinenbaubetrieb. Der Chef erklärt seinen Mitarbeitern, wie er sein Unternehmen im kommenden Jahr weiterentwickeln will.

»In den letzten fünf Jahren lief es ja generell so lala im Bereich Lackieren und Airbrush«, beginnt er das Meeting. »Dafür ist die industrielle Fertigung von Feinelektronik ohne menschliches Zutun für uns ein Sektor mit stetigem Wachstumspotenzial. Das passt auch sehr gut zu unserem allseits bekannten Firmenziel – Fertigungsprozesse weitgehend zu automatisieren.« Auffordernd blickt der Chef in die Runde.

»Lassen Sie uns ein bisschen gemeinsam brainstormen«, schlägt er vor. »Wenn wir die Paintbots auslaufen lassen, fallen immerhin zwei wichtige Kunden aus der Automobilbranche weg. Dieses Defizit können wir meines Erachtens nur auffangen, indem wir uns für die Unterhaltungselektronik interessanter machen als bisher und außerdem noch neue Felder erschließen. So zum Beispiel Haushaltsgeräte. Mess- und Regeltechnik. Sensorik. Solartechnik. Gerade innovative Branchen sollten wir im Blick haben, die sind am ehesten zukunftsfähig. Ganz wichtig außerdem: universell programmierbare Maschinen.«

Verhaltenes Klirren von Löffeln in zaghaft umgerührtem Kaffee.

»Klingt super«, meint ein Projektleiter aus dem Bereich Entwicklung. »Zumal die Nachfrage für Paintbots den niedrigsten Stand seit drei Jahren erreicht hat«, ergänzt jemand vom Vertrieb. »Der Software ist sowieso egal, was der Roboter machen soll, wir sind da total flexibel«, wirft eine Programmiererin ein.

Mehr kommt nicht. Nach einer halben Minute Stille gibt der Chef es auf.

»Äh – okay, dann ... nächster Punkt auf der Tagesordnung.« Das Meeting verläuft schleppend. Am Ende verlässt der Chef missmutig den Raum.

»War ja mal wieder typisch«, denkt er sich. »Immer muss man denen alles vorkauen. Nie kommen die mit eigenen Vorschlägen an!«

Als Geschäftsführer eines Unternehmens erwarten Sie von Ihren Mitarbeitern, dass diese mitdenken. Initiative zeigen. Selbstständig Probleme lösen und konstruktive Ideen vorbringen. Sie begrüßen es, wenn Beschlüsse und Ziele hinterfragt werden. Wenn hin und wieder jemand eine Gegenpositionen vorbringt und vertritt. Vielleicht tut es sogar gut, wenn man Ihnen ab und an mal einen Fehler aufzeigt.

Lassen Ihre Mitarbeiter all das vermissen, so hängt das unter Umständen damit zusammen, wie Sie Ihre Rolle als Chef spielen. Genauer gesagt: wie stark Sie Ihre Chefrolle ausspielen. Wenn Sie zu sehr in den Vordergrund treten, nehmen Sie Ihren Mitarbeitern die Chance, das zu tun, was Sie von ihnen erwarten.

Es fällt Ihnen vielleicht schwer, sich bei Problemstellungen zurückzuhalten und nicht sofort eine mögliche Lösung mitzuliefern. Aber wenn Sie ein Brainstorming mit Ihren eigenen Ideen starten, schießen sich die Mitarbeiter von vornherein auf Ihre Methode ein. Eigenes Nach- und Weiterdenken erübrigt sich, oder es beschränkt sich darauf, das weiterzuspinnen, was Sie vorgeschlagen haben. Am ehesten aber geschieht nicht einmal mehr das, sondern es wird nur noch abgenickt. Wenn Sie von Natur aus eher von der schnellen Truppe sind – und erst recht, wenn eine gehörige Portion Charisma und Dominanz hinzukommt –, verstärkt sich der Effekt noch. Da Sie zwangsläufig eine Autoritätsperson sind, wagt niemand, Ihre Worte infrage zu stellen. Da Sie am besten wissen, wo's in Ihrem Unternehmen langgeht, regt sich keinerlei Widerspruch. Da Sie offenbar stets mögliche Lösungen in petto haben, riskieren Ihre Leute es nicht, eigene Vorschläge einzubringen:

»Da bin ich lieber still, meine Idee ist eh nicht so gut!«

Ob Sie wollen oder nicht – als Chef des Unternehmens neigen Sie dazu, Ihre Leute in den Schatten zu stellen. Ihre Autorität überstrahlt die fachliche Leuchtkraft Ihrer Mitarbeiter. Im schlimmsten Fall werden diese jede Selbstständigkeit mittelfristig aufgeben. Ihre Führungsstrategie, die eigentlich genau auf das Gegenteil abzielte – nämlich auf eigenständige, clevere Mitarbeiter mit eigenen Standpunkten und dem Mut zu ehrlichem Feedback –, hat sich schleichend und unbewusst ins Gegenteil verkehrt. Am Ende stehen Sie auf einem Sockel, von lauter Jasagern umringt und ohne jede Bodenhaftung. Wie der Führer von Nordkorea.

Davor bewahren Sie sich im Vorfeld selbst, indem Sie Ihren Mitarbeitern in Gesprächen den Raum geben, den sie verdienen. Hören Sie erst einmal zu. Halten Sie sich vor Augen, dass Sie als Chef an exponierter Stelle sitzen und eine gewisse Dominanz ausstrahlen – selbst wenn Sie eher kein dominanter Typ sind. Ihre Meinung, Ihre Worte haben bei Ihren Leuten zehnmal so viel Gewicht wie die eines Kollegen. Wenn Sie wollen, dass Ihre Mitarbeiter eine eigene Meinung bilden und diese auch offen vor Ihnen äußern, müssen Sie sich ganz bewusst zurückhalten.

Konkret bedeutet das:

➤ Wenn Sie Vorschläge, Ideen und Lösungen erwarten, dann geben Sie Ihren Leuten genügend Zeit und Raum, um diese zu entwickeln. Selbst wenn Sie schon beim ersten Satz merken, dass Sie anderer Meinung sind, lassen Sie Ihr Gegenüber dennoch ausreden. Fragen Sie nur nach, um etwas zu klären, das eventuell missverständlich war. Hören Sie aktiv zu, indem Sie etwa durch Kopfnicken Ihre Aufnahmebereitschaft signalisieren. Das bedeutet ja nicht zwangsläufig, dass Sie allen Argumenten zustimmen! Bewerten können Sie später – oder noch besser: Lassen Sie das Team im Gespräch die verschiedenen Vorschläge auswerten.

➤ Halten Sie mit Ihren eigenen Ideen erst einmal hinterm Berg. Bringen Sie auf keinen Fall zu früh – oder gar im Vorfeld – Ihre eigenen Lösungsansätze auf den Tisch! Aufgrund Ihrer Autorität wird es Ihren Mitarbeitern schwerfallen, danach noch andere Vorschläge ins Rennen zu schicken. Oder gar zu sagen: »Das finde ich kontraproduktiv, weil … «

➤ Seien Sie sich Ihrer exponierten Position als Unternehmensführer stets bewusst. Wenn Sie sich nicht zurücknehmen, dürfen Sie auch nicht erwarten, dass Ihre Leute als Fachkräfte kritisches Feedback geben – auf das der Chef ja schließlich angewiesen ist. Der Stärkste muss sich am meisten zurückhalten. Je weniger Ihre Leute das Gefühl haben, einen Kampf mit Ihnen beginnen zu müssen, desto eher erhalten Sie von ihnen die so wichtige konstruktive Kritik – aus der erst gemeinsam tragfähige Lösungen erarbeitet werden können.

Gut möglich, dass Sie mit diesen Vorsätzen im nächsten Meeting wie auf glühenden Kohlen sitzen werden. Mehr als einmal werden Sie den dringenden Impuls verspüren, einzuschreiten, damit Ihre anderen Mitarbeiter nicht denken, Sie wären einverstanden mit einer völlig abwegigen Idee.

»Was Herr Meyer da vorschlägt, läuft unseren Jahreszielen zuwider. Es entspricht nicht mal meiner unternehmerischen Vision! Das kann ich so nicht stehen lassen. Ich muss das richtigstellen!«

In solchen Situationen wird es Ihnen mehr als schwerfallen, den Mund zu halten. Wieso sollten Sie auch? Schließlich könnte man die Sache an Ort und Stelle klären und damit wertvolle Diskussionszeit sparen!

Dieser Impuls einzugreifen ist leider nicht zielführend. Denn wenn die Ideen – wie im Brainstorming ja erwünscht! – nur so sprudeln sollen, wirkt jeder Zensurversuch wie eine Baggerladung Sand in den Brunnen. In der Phase des Brainstormings darf jeder Vorschläge und Ideen, mögen sie auch noch so abwegig erscheinen, erst einmal vorbringen. Ohne dass irgendjemand, geschweige denn der Chef, das Gesagte bewertet oder gar in Opposition geht und jedes Weiterdenken dadurch unterdrückt.

Später dann, wenn es ans Abwägen und Auswerten geht, dürfen einzelne Punkte verworfen, andere in die engere Wahl gezogen und weiter diskutiert werden. Das müssen sie sogar – aber erst in dieser nächsten Phase, nicht vorher.

Turbo-Tipp: Brainstormings extern moderieren lassen

In einem Meeting sowohl die Rolle des Moderators als auch die des Chefs zu übernehmen, birgt viele Risiken. Abgesehen von den Stolperfallen bei der Kommunikation werden Sie es schwer haben, sich auf eine der beiden Positionen zu konzentrieren, und umso eher überall Fehler machen.

Um diese Gefahr gering zu halten, empfiehlt es sich, Brainstormings als Chef nicht selbst zu moderieren. Stattdessen holen Sie sich dazu einen Dritten ins Boot – entweder einen kommunikativ gewieften Mitarbeiter, einen externen Berater beziehungsweise Coach oder sogar einen speziellen Kommunikationstrainer. Im Idealfall handelt es sich um jemanden, der unabhängig ist.

Dies lohnt sich besonders bei längeren Meetings von der Dauer eines ganzen Tages, erst recht bei mehrtägigen Workshops und Seminaren. Anfangs mag Ihnen die Situation ungewohnt und fremd erscheinen, zumal, wenn der Moderator Ihnen zwischendurch deutlich signalisiert: »Sie sind jetzt nicht dran!« Haben Sie jedoch erst einmal einen Workshop mit einem externen Moderator absolviert, werden Sie viele Dinge in einem neuen Licht betrachten – und davon profitieren Sie letztlich auch bei Kurztreffen und halbstündigen Meetings.

3. Die Sprache Ihrer Mitarbeiter sprechen

Betriebsversammlung bei der Winkler GmbH: Es geht um die Ziele für das nächste Jahr.

»Gute Arbeit, Leute!«, beginnt der Chef die Präsentation. »Der Gewinn des vergangenen Jahres beläuft sich auf zehn Prozent. Das ist ein Grund zur Freude, und darum wurde auch der gesamten Belegschaft ein Bonus ausgeschüttet!«

Allgemeiner Beifall.

»Dank des frischen Winds in unserer Branche sind wir weiter auf Expansionskurs«, fährt der Chef fort. »Wenn es uns gelingt, die laufenden Kosten weiter zu senken und unsere Produktionsfaktoren zu optimieren, sollte es ein Leichtes sein, unseren Gewinn um die Hälfte zu steigern. Vorausgesetzt, wir legen uns ordentlich ins Zeug. Vielleicht bin ich zu optimistisch – und doch müsste es nach meiner Rechnung zu schaffen sein, den Profit auf vierzehn, vielleicht sogar fünfzehn Prozent zu erhöhen!«

Ein paar wenige Mitarbeiter klatschen noch.

»Der will aber hoch hinaus«, raunt einer seinem Nachbarn zu. »Das letzte Jahr war für uns im Vertrieb auch schon beinhart, wie sollen wir auf einmal den anderthalbfachen Gewinn schaffen?« – »Ist ja auch völlig unnötig«, antwortet der andere Mitarbeiter. »Hauptsache, der Winkler kann sich genug in die eigene Tasche stecken. Nur darum geht's, denke ich.« Ein Dritter, der die Einwände gehört hat, beugt sich herüber. »Da mache ich nicht mit, das ist total unlauter!«, empört er sich fast ein bisschen zu laut. »Für dieselben Leistungen mehr Geld einstreichen? Reine Abzocke! Ich bin nicht bereit, irgendwelche Kunden über den Tisch zu ziehen. Eher schmeiß ich alles hin und kündige!«

Zum Glück hat der Chef das nicht gehört. Am Ende der Veranstaltung verlässt er beschwingt den Saal, während seine drei Vertriebsmitarbeiter auf dem Rückweg in ihre Büros weiter diskutieren. »Soll der Winkler doch überhöhte Ziele haben, so viele er will. Was haben wir damit zu tun? Wir rödeln eh schon an der Belastungsgrenze.« – »Wir machen einfach weiter wie bisher«, pflichtet ihm der Zweite bei. »Im zweiten Quartal sieht bestimmt schon alles anders aus. Und spätestens im Juli hat auch der Winkler begriffen, dass sein Umsatzziel utopisch ist.«

Ihre Mitarbeiter tun sich mitunter schwer damit, Sie zu verstehen. In den seltensten Fällen werden sie auf Anhieb nachvollziehen, wovon Sie sprechen. Was der Hintergrund ist. Warum Sie ein bestimmtes Ziel vor Augen haben – etwa, ohne moralisches Problem bei guter Leistung und anerkanntem Nutzen einen hohen Profit zu erwirtschaften.

Das liegt meistens daran, dass ein Unternehmer aus seiner Perspektive heraus kommuniziert. Die Annahme, dass den Mitarbeitern dies bewusst sei und sie sich deshalb von sich aus um Verständnis bemühten, ist erfahrungsgemäß falsch, ja geradezu naiv. Die Mitarbeiter ticken völlig anders als der Chef. Nicht nur aufgrund ihrer Position im Unternehmen, sondern auch im Hinblick darauf, wie sie als Menschen rational und emotional »gestrickt« sind. Noch dazu haben Sie keinen gleichgeschalteten Haufen Lemminge vor sich. Jede Mitarbeiterin, jeder Mitarbeiter Ihres Unternehmens ist ein Individuum, auf das Ihre Kommunikation individuell zugeschnitten sein will.

Wenn Sie das nicht berücksichtigen, dann lösen Sie mit Ihrer Art zu kommunizieren nicht zuverlässig Handlungsimpulse aus, sondern erreichen im Gegenteil, dass sich Ihre Leute »sperren«. Da hilft nur ein Perspektivenwechsel. Lernen Sie die Fühl- und Denkweise Ihrer Leute besser kennen! Dann können Sie diese bei der Kommunikation berücksichtigen und somit die »Trefferquote« ihrer gesendeten Botschaften verbessern. Wenn Sie wissen, was Ihre Leute am meisten fürchten – etwa Entlassungen oder sinkende Gehälter –, so können Sie darauf eingehen. Sie können möglichen Einwänden den Wind aus den Segeln nehmen, indem Sie sie in Ihre Präsentation einbauen und gezielt widerlegen.

Zum Beispiel können Sie Vorbehalte ausräumen, indem Sie zeigen, dass Sie nicht die Absicht haben, sich dank höheren Profits persönlich zu bereichern, sondern vielmehr die Existenz des Unternehmens zu sichern. Erklären Sie, dass höhere Rücklagen im Unternehmen und sinnvolle Investitionen letztlich wieder allen zugutekommen. Damit sprechen Sie indirekt das Sicherheitsbedürfnis Ihrer Mitarbeiter an – die ja ihre Arbeitsplätze nicht verlieren wollen.

> **Lernen Sie Ihre Mitarbeiter kennen**
>
> Erst wenn Sie Ihre Mitarbeiter wirklich verstehen, können Sie zielführend mit ihnen kommunizieren. Aber wie kriegen Sie heraus, wie Ihre Leute ticken? Wie sie am besten »abzuholen« sind, und wie Sie als Chef Ihre Botschaft jeweils individuell verpacken?
>
> Mir haben während meiner Jahre als Unternehmer vor allem wiederholte persönliche Gespräche geholfen. Einmal im Monat – manchmal auch nur einmal alle sechs Wochen – lief ich durch sämtliche Abteilungen, um ein bisschen Smalltalk zu machen. Ich erkundigte mich, wie es den Leuten ging, woran sie gerade arbeiteten. Aus scheinbar banalen Alltagsgesprächen konnte ich Schlüsse über die Fühl- und Denkweise meiner Mitarbeiter ziehen. So ganz nebenbei bekam ich mit, wie meine Leute tickten, was ihnen wichtig war, wonach sie sich richteten, was sie als Menschen ausmachte.
>
> Von welchen Voraussetzungen Ihre Mitarbeiter ausgehen, erfahren Sie nur, indem Sie offen und unvoreingenommen auf die Leute zugehen. Und Fragen stellen. Der Effekt ist, dass Sie Ihrem Gegenüber individuell signalisieren: »Ich habe ein Interesse daran, dich zu verstehen!«
>
> Das geht nicht von heute auf morgen, das muss man üben. Fangen Sie jetzt damit an.

Eine glückende, individuell passende Kommunikationsstrategie umfasst im Allgemeinen zwei Hauptfronten:

➤ Berücksichtigen Sie das Credo Ihres Mitarbeiters. Es ist vorstellbar, dass es dem einen oder anderen völlig egal ist, wie viel Profit Ihr Unternehmen macht. »Hauptsache ich kriege mein Gehalt!«

Dann tragen Sie bereits dazu bei, denjenigen oder diejenige abzuholen, indem Sie signalisieren: »Ich weiß, dass Ihnen Ihre persönliche finanzielle Sicherheit wichtig ist. Die Neuerung trägt dazu bei.« Überhaupt fällt es Ihren Mitarbeitern leichter, Ihnen zuzuhören, wenn Sie verdeutlichen, dass Sie deren im jeweiligen Zusammenhang relevanten Probleme, Wünsche und Bedürfnisse im Blick haben. Bleiben Sie dabei jedoch glaubwürdig. Niemand wird Ihnen abnehmen, dass es Ihnen nur um die Bedürfnisse der Mitarbeiter geht. Gehen Sie also auf diese Bedürfnisse ein, aber ebenso auf die Belange des Unternehmens. Es geht darum zu zeigen, dass die beiden Perspektiven nicht im Widerspruch zueinander stehen.

➤ Berücksichtigen Sie den sprachlichen und fachlichen Background Ihres Mitarbeiters. Wenn Sie einem Ingenieur aus der Entwicklungsabteilung die Finanzen Ihres Unternehmens nahelegen, macht es wenig Sinn, von »Cashflow« und »Rückstellungen« zu sprechen – sofern er nicht gerade über einen betriebswirtschaftlichen Erfahrungsschatz verfügt. Das wird demjenigen alles nichts sagen. Sie überfordern ihn nur mit fachfremdem Jargon. Umgekehrt können Sie durchaus Fachbegriffe beispielsweise aus dem Ressort eines Programmierers verwenden (z. B. »Variable«, »Schleife«, »Algorithmus«), sofern Ihnen diese geläufig sind. Damit holen Sie den Betreffenden direkt ab, schmeicheln ihm vielleicht sogar und beugen nebenbei der Gefahr vor, dass man Sie für inkompetent hält. Kompetenz schafft bekanntlich Vertrauen. Aber: Übertreiben Sie es nicht damit. Spielen Sie nicht vor, vom Fach zu sein, wenn Sie es nicht wirklich sind. Sonst droht schnell die Blamage.

Auch wenn es manchmal nur darum geht, Informationen loszuwerden: Was zählt, ist, wie Sie die Botschaft verpacken. Je nach Situation und Charakter Ihres Gegenübers werden Sie hier variieren müssen. Wie viel das ausmacht, ist kaum zu überschätzen. Zudem hilft ein individueller, persönlicher Umgang, das Klima der Verbindlichkeit in Ihrem Unternehmen zu stärken.

Im Zweiergespräch haben Sie mit dieser Technik großen Erfolg. Als Chef sprechen Sie aber häufig zu einer größeren Gruppe. Und diese Gruppe besteht aus völlig unterschiedlichen Menschentypen. Wie schaffen Sie es nun, all diese Charaktere gleichermaßen zu erreichen?

Turbo-Tipp: Gruppen managen

Mit der Zeit kristallieren sich in den Reihen Ihrer Mitarbeiter unterschiedliche Typen heraus. Da gibt es den draufgängerischen Abenteurer, der aus jeder »Bleeding-Edge«-Idee am liebsten gleich ein neues Projekt macht, bevor er eine Kosten-Nutzen-Rechnung anstellt. Da ist der Sicherheitsfanatiker, der dreimal nachschaut, ob das Quartal auch wirklich um ist, bevor er die Gehaltslisten an die Buchhaltung herausgibt. All diesen Typen gilt es als Chef auch in Gruppen gerecht zu werden – zum Beispiel, wenn es darum geht, einen neuen Mitarbeiter in ein Team einzugliedern.

Achten Sie darauf, mit welchen Typen Sie es in der Gruppe zu tun haben. Darauf basierend, wählen Sie Ihre Formulierung, um möglichst alle Personen zu erreichen. Niemand sollte außen vor bleiben. Schließen Sie Kompromisse in der Wortwahl. Gehen Sie auf zu erwartende Einwände im Vorfeld ein. Klappern Sie jeden davon in Ihrer Erklärung ab.

Je heterogener die Gruppe, desto schwieriger mag das am Anfang erscheinen. Aber mit ein wenig Übung – und ohne zwanghaften Perfektionismus – profitieren auf Dauer nicht nur Ihre Mitarbeiter, sondern auch Sie selbst davon!

Einen Sonderfall stellen Krisensituationen dar. Etwas ist schiefgelaufen. Ein Mitarbeiter in der Produktion hat seinen Projektleiter missverstanden, das fehlerhafte Produkt wurde ausgeliefert. Der Kunde hat sich beschwert. Nun ist die Mitarbeiterin vom Vertrieb stinksauer, weil ihr Kontakt zum Kunden gelitten hat und sie die Scharte wieder auswetzen muss.

In so einer Situation bringt es wenig, mit Ihren Argumenten auf die Position der Vertriebsmitarbeiterin einzugehen. Denn ihr geht es gerade nicht um Argumente. Menschen glauben, sie sprechen vor allem rational miteinander – tatsächlich läuft ein Großteil der Interaktion und

Kommunikation auf einer subtilen emotionalen Ebene ab. In einer Krisensituation gewinnt die emotionale Ebene die Überhand – dann funktioniert rationale Kommunikation schlicht nicht.

Versuchen Sie stattdessen, der Aggression des Betreffenden einen Puffer zu bieten. Zeigen Sie, dass Sie seine Verärgerung wahrnehmen, indem Sie sie direkt ansprechen:

»Ich sehe, Frau Rüllke, Sie sind verärgert. Erzählen Sie, was ist los?«

Allein durch aufrichtige Anteilnahme, durch ehrliche Anerkennung der subjektiven Situation, nehmen Sie Ihrem Gegenüber den Wind aus den Segeln und drücken ihm Ihre Solidarität aus. Das heißt nicht, dass Sie Partei ergreifen. Hüten Sie sich also vor einer Wertung der Situation ebenso wie vor übereilten Lösungsvorschlägen. Diese verstärken nur die Verärgerung Ihres Gegenübers und lassen seine Emotionen noch höher kochen, weil er sich umso weniger verstanden fühlt.

Indem Sie dem Mitarbeiter ruhig und kommentarlos zuhören, stecken Sie ihn mit Ihrer Ruhe an und helfen ihm, die Situation nicht schwärzer zu sehen, als sie in Wirklichkeit ist. Sie holen ihn von 180 erst mal auf 70 herunter. So vermeiden Sie, dass er auf seinem Ärger sitzen bleibt und ihn in die Zukunft »mitnimmt«, was schlimmstenfalls eine Spirale von Missverständnissen, Wut und scheiternden Projekten zur Folge hat. Sind die Wogen dann geglättet, kann ein vernünftiges, rationales Gespräch folgen, in dem Sie gemeinsam mit dem Mitarbeiter Lösungsmöglichkeiten erarbeiten.

Auch im erfreulichen umgekehrten Fall – wenn Sie jemanden auf dem Flur treffen, der sich spürbar freut – dürfen Sie dies zwanglos thematisieren:

»Freut mich, Herr Dahn, dass es Ihnen gut geht – was ist der Anlass, wenn ich so neugierig sein darf?«

Das muss keinen Bruch der Privatsphäre darstellen. Sie zeigen, dass Sie die subjektive Realität Ihres Mitarbeiters wahrnehmen. Das bringt Sie beide auf ein und dieselbe emotionale Ebene, was eine verbindliche weitere Kommunikation ermöglicht. Und das ist schließlich das, was eine angenehme, langfristig erfolgreiche Zusammenarbeit in Ihrem Unternehmen ausmacht.

Kurz und bündig

➤ Üben Sie sich in einer klaren, präzisen Ausdrucksweise. Vermeiden Sie Floskeln, vage, allgemeine Aussagen sowie fachfremden Jargon.

➤ Kommunizieren Sie auf Augenhöhe: Ermuntern Sie Ihre Mitarbeiter zu Rückfragen.

➤ Schaffen Sie Vertrauen durch Kompetenz, indem Sie nicht verbergen, dass Sie im Fachbereich Ihrer Mitarbeiter zumindest Basiswissen besitzen.

➤ Übernehmen Sie Verantwortung als Unternehmer und als Mensch: Treffen Sie verbindliche Entscheidungen, und seien Sie fehlertolerant gegenüber sich selbst.

➤ Lassen Sie Ihren Mitarbeitern Zeit und Raum für eigene Ideen, indem Sie sie bei Aufgaben und Problemen nicht sofort mit eigenen Lösungsvorschlägen überfahren.

➤ Unterdrücken Sie den Impuls, vermeintlich falsche Vorschläge sofort abzuwürgen.

➤ Versetzen Sie sich gedanklich in die Lage Ihrer Mitarbeiter. Zeigen Sie, dass Sie sie verstehen wollen, und passen Sie sich sprachlich auf zwanglose Weise der Situation und Ihrem Gegenüber an.

➤ Holen Sie Ihre Mitarbeiter auch emotional ab, indem Sie signalisieren, dass Sie extreme Emotionen wahrnehmen, sich für die Ursachen interessieren und – im negativen Fall – bereit sind, zur Klärung beizutragen.

Kapitel 6
Wieder ein Kunde, der sich über geplatzte Termine beschwert

Wie Sie es schaffen, dass Ihre Mitarbeiter Zusagen einhalten

Kette: halbflexibles Verbindungselement, bestehend aus mehreren Teilstücken, den Kettengliedern. Je nach Fertigungsart sind Ketten entweder in einer Dimension flexibel (z. B. Rollen- und Bolzenketten) oder in mehreren Dimensionen (z. B. Ringkette, Gliederkette). Rollenketten dienen zur formschlüssigen Kraftübertragung eines Drehmoments. Sie sind als Fahrrad- oder Motorradketten weit verbreitet, finden aber auch in Kettengetrieben größerer Fahrzeuge Anwendung. Gliederketten dagegen dienen meist als Anschlagmittel, also zum Heben oder Fixieren von Lasten wie Containern, Ankern und Baustoffen. Damit eine Kette einwandfrei arbeitet, müssen die einzelnen Glieder intakt sein, das heißt, sie dürfen nicht durch Rost oder Verschleiß angegriffen sein. Auch dürfen die Gelenke nicht blockieren. Rollenketten werden deshalb geschmiert oder laufen (bei Getrieben) gleich im Ölbad.

Wenn die Pönale droht …

»Das war sehr aufschlussreich!« Richard Steiner, Vertriebsmann der Lenz Kranbau AG, ist beeindruckt von allem, was er auf dem Gelände des potenziellen Kunden, einer großen Reederei, gesehen hat. »Selbstverständlich können wir den gewünschten 60-Tonnen-Portalkran genau Ihren Bedürfnissen anpassen. Die Anforderungen gebe ich gleich im Anschluss an die Kollegen aus der Produktion weiter.« – »Super, und danke für Ihre Zeit!«, erwidert der Reeder. »Dann erwarte ich Ihr baldiges Angebot zum Vergleich – Sie werden verstehen, dass wir noch andere Firmen angefragt haben.« – »Selbstverständlich.« Steiner, ganz Profi, nickt lässig. »Sobald mir alle nötigen Infos aus der Produktion vorliegen, hören Sie von mir. Spätestens Mittwoch, zwölf Uhr, liegt unser verbindliches Angebot in Ihrer Mailbox.«

Hochzufrieden verabschiedet man sich. Steiner fährt direkt ins Werk der Lenz AG. Er kennt den Produktionsleiter gut, die beiden arbeiten schon lange zusammen. Steiner gibt die Infos weiter.

»Ich bräuchte dann eine Zeichnung und eine Materialaufstellung«, fügt er hinzu. »Ist übrigens ein ganz heißes Projekt: Das Auftragsvolumen liegt bei einer halben Million! Schaffst du's bis Mittwochmittag?« – »Klar, Ricki.« Das Telefon klingelt. Der Produktionsleiter wischt sich imaginären Schweiß von der Stirn: »Entschuldige, da muss ich ran. Stress pur. Im Moment weiß ich kaum, wo mir der Kopf steht!« – »Umso besser!«, grinst Steiner. »Frohes Schaffen, und bis dann!«

Der Dienstag verstreicht. Am Mittwochmorgen beginnt Steiner, nervös zu werden. Gegen viertel vor Zwölf ruft er im Werk an. Der Produktionsleiter fällt aus allen Wolken: »Ach du Sch…! Hab ich total vergessen bei dem ständigen Trubel hier. Gib mir zwei Stunden, Ricki, ich erledige das!«

Doch als Richard Steiner das Angebot über den gewünschten Portalkran gegen 14.30 Uhr abschickt, ist es zu spät. Keine sieben Minuten später landet ein Formschreiben in seiner Inbox:

» … müssen wir Ihnen mitteilen, dass wir den Auftrag anderweitig vergeben haben. Nochmals vielen Dank für Ihr Angebot und beste Grüße …«

»Verdammt!«, entfährt es Steiner. »Ein 500 000-Euro-Auftrag – einfach futsch!«

Es ist der Alptraum eines jeden Unternehmers, wenn er dem Kunden verbindlich Zugesagtes nicht einhalten kann. Das beginnt schon im Kleinen: Der Kunde bittet um ein Angebot. Es wird ein Abgabetermin vereinbart. Dieser verstreicht – bloß weil der zuständige Mitarbeiter seinen Merkzettel verloren hat. Oder weil etwas dazwischenkommt, bevor er den Termin überhaupt notieren konnte. Und hinterher hat er einfach nicht mehr daran gedacht.

Oftmals sind die Pannen und ihre Folgen gravierender Natur. Ein Produkt, beispielsweise ein Spezialgetriebe, wird nicht rechtzeitig fertig. Die Lieferung zum ursprünglich festgesetzten Datum platzt. Der Zeitplan des Kunden, dessen eigene Produktion darauf angewiesen ist, gerät völlig durcheinander.

Alternativ dazu wird in aller Eile irgendetwas zusammengeschustert – Hauptsache, die bestellte Maschine wird fertig! Dabei wird gepfuscht. Das Ergebnis ist möglicherweise purer Schrott, der allen Qualitätsansprüchen spottet. Und selbst wenn die Qualität einigermaßen stimmt, steckt der Teufel womöglich im Detail: Die Abmessungen stimmen nicht. Die Welle hat den falschen Durchmesser. Fertigungs- und Materialfehler machen die Ware für den Kunden völlig unbrauchbar. In jedem Fall droht die Reklamation. Oder Schlimmeres.

Nehmen wir an, der Betreiber einer Windkraftanlage hat das Spezialgetriebe in Auftrag gegeben. Isoliert hat das Produkt einen Wert von rund 10 000 Euro. Doch aus irgendeinem Grund hält das beauftragte Unternehmen die Deadline nicht ein. Das Getriebe wird nicht geliefert, die Anlage geht nicht zum geplanten Termin in Betrieb. Der Zeitplan des ganzen Projekts, dessen Gesamtwert bei drei Millionen Euro liegt, verschiebt sich. Schlimmstenfalls droht das Projekt komplett zu scheitern.

Aus diesem Grund werden bei Projekten ähnlicher Größenordnung von vornherein Vertragsstrafen festgesetzt, sogenannte Pönalen. Kann die Windkraftanlage nicht wie geplant am ersten November in Betrieb gehen, sondern erst am zweiten Dezember, so muss der betreffende

Teilelieferant beispielsweise für jede Woche Verzögerung zwei Prozent der Gesamtsumme bezahlen. Bei drei Millionen Euro Projektwert wären das 60 000 Euro – sechsmal so viel wie das Auftragsvolumen – pro Woche, insgesamt also schlappe 240 000 Euro. Das kann ein kleineres oder im Aufbau begriffenes Unternehmen schlagartig an den Rand des Ruins treiben!

Auch für den Kunden wird die Sache oft teuer. Oder zumindest sehr ärgerlich. Ob eine verspätete Lieferung gleich mit einer Pönale belegt ist oder ob überhaupt ein finanzieller Schaden droht, hängt natürlich vom Einzelfall ab. Einen unvermeidlichen Negativeffekt haben solche Pannen aber immer: Der Kunde ist unzufrieden.

> ### Achtung, Beschwerde-Alarm!
>
> »Sag mal, was läuft denn da bei euch im Vertrieb? Deine Leute sagen mir immer Freitag zu, aber vor dem Mittwoch drauf tut sich nie was!«
>
> Selbst wenn sie höflich bis taktvoll formuliert sind – kommen Ihnen als Unternehmer Beschwerden zu Ohren, so ist das ein akutes Alarmzeichen dafür, dass in Ihrem Betrieb etwas schiefläuft. Die Ursachen können vielfältig sein: Die Projektplanung ist außer Kontrolle. An Zielen wird vorbeigearbeitet. Werte werden nicht eingehalten. Und so fort.
>
> Gehen Sie davon aus, dass Missstände, die Ihnen gar nicht aufgefallen sind, beim Kunden schon länger brodeln. Bis er sich explizit negativ äußert, muss normalerweise einiges zusammenkommen. Das Kind ist dann also längst in den Brunnen gefallen!

Kaum ein Kunde wird sich bei jeder noch so kleinen Panne zu Wort melden. Geht das versprochene Angebot erst zwei Tage später ein als angekündigt, sagt man erst einmal nichts. Verlassen Sie sich aber darauf, dass der Kunde die Verzögerung im Kopf behalten wird – selbst wenn er das Angebot letztlich annimmt. Sogar wenn er mit der Leistung Ihrer Mitarbeiter später zufrieden ist und Sie als Chef rein gar nichts davon mitbekommen, dass das je anders war: Das Vertrauen des Kunden in Ihr Unternehmen ist angekratzt. Ein negatives Zeichen in puncto Zuverlässigkeit und Kundenorientierung ist gesetzt. Häufen sich diese negativen Zeichen, führt das rascher zum Imageschaden, als irgendeinem Unternehmer lieb sein kann. Negative Werbung verbreitet sich mitunter wie ein Lauffeuer!

Verstreichende Deadlines und Zusagen, die nicht eingehalten werden, haben dieselbe fatale Auswirkung wie die defekten Glieder einer Kette. Jeder einzelne Termin und jede Abmachung ist elementar wichtig für den Projektablauf insgesamt, genau wie jedes einzelne Kettenglied dafür sorgt, dass die ganze Kette intakt bleibt. Ist ein einzelnes Kettenglied verschlissen oder durchgerostet, kann es seine Funktion unter Last nicht mehr erfüllen. Ein verpasster Termin, eine vergessene Zusage – und das ganze Projekt droht zu scheitern. Aufgrund einer Fehlfunktion im Kleinen reißt die Kette explosionsartig auseinander.

Oft bringt ein geplatzter Termin andere Deadlines, die davon abhängen, in Gefahr, und diese wieder weitere Termine und Zusagen. Es entwickelt sich also eine Kettenreaktion im wahrsten Sinn des Worts.

Ursache für diese Kettenreaktion kann reine Überlastung sein. Mitarbeiter geben Zusagen, ohne überhaupt richtig hinzuhören. Nur um für den Moment, wo es doch an jeder Ecke brennt, ihre Ruhe zu haben. Oder Sie als Unternehmer bangen um Aufträge. Ihr Unternehmen, das Sie sich mühsam aufgebaut haben, droht bei schlechter Auftragslage in die Insolvenz zu rutschen. Kommen dann gleich drei verschiedene Anfragen, die sich gegenseitig überschneiden, sagen Sie trotzdem allen potenziellen Kunden zu – nur um ja keine Chance zu verpassen.

Vielleicht fehlt Ihnen auch am Telefon, live im Gespräch mit dem erwartungsvollen Kunden, einfach der Überblick. Aus dem Bauch heraus denken Sie, dass Ihre Leute und Sie das schon irgendwie auf die Reihe bekommen werden. Sie gehen also vom Best Case aus. Je größer und komplexer die anstehenden Projekte, desto höher ist diese Gefahr, weil man Großprojekte ja sowieso schlecht in Gänze planen kann. Vielleicht haben Sie sogar ein bisschen Angst davor, zu planen. Sich festzulegen. Kunden abzuweisen.

Ein Unternehmen kann also nach außen hin – etwa in der Beziehung zu Kunden, Lieferanten und Geschäftspartnern – unzuverlässig sein. Wie bei einer reißenden Kette liegt die Ursache dieser Unzuverlässigkeit aber im Inneren. Sie hat tiefe Wurzeln. Ganz unten, auf der Ebene des Tagesgeschäfts.

»Was, hab ich Ihnen wirklich bis gestern das Protokoll versprochen? Na, dann hab ich mich wohl versprochen!«

Mit lahmen Witzen oder hahnebüchenen Ausreden wird überspielt, dass hier gerade mal wieder ein Kettenglied gerissen ist. Manchmal liegt die Bruchstelle auf dem Schreibtisch des Chefs. Aber auch die Mitarbeiter schludern. Dadurch behindern sie einander und lähmen sich gegenseitig in ihrer Effizienz. Herr Müller kann an Projekt A nicht weiterarbeiten, bevor Frau Holzbrinck ihren Beitrag geleistet hat. Solange die auf sich warten lässt, schiebt Herr Müller kleinere Routinearbeiten ein. Der endlich mal wieder aufgeräumte Aktenschrank tröstet nur wenig darüber hinweg, dass hier Zeit totgeschlagen wurde.

Wenn ein Mitarbeiter einmal den Ruf der Unzuverlässigkeit hat, werden seine Kollegen im Kontakt mit ihm zum Micro-Management übergehen.

»Bis Freitag willst du mir den Bericht schicken, denk dran!«

Das Problem dabei: Wer schon vor der Deadline keinen Tag auslässt, um seinen Kollegen an etwas zu erinnern oder sich nach dem Stand der Dinge zu erkundigen, der verliert erstens selbst Zeit. Zweitens reißt er den anderen jedes Mal aus dessen Tätigkeit heraus. Er unterbricht dessen Konzentration und sorgt so für den berüchtigten Sägezahn-Effekt. Das bewirkt dann erst recht, dass der Kollege den Termin nicht einhalten kann.

Als Unternehmer sind Sie daran interessiert, dass in Ihrem Betrieb jede Art von Zusagen eingehalten wird. Nicht nur nach außen hin, sondern auch intern, von Mitarbeiter zu Mitarbeiter. Das erreichen Sie, indem Sie in Ihrem Unternehmen eine Kultur der Zuverlässigkeit und Verantwortung etablieren.

Diese Kultur fußt auf einem dreifachen Fundament: Zum einen müssen Sie mit gutem Beispiel vorangehen. Zum Zweiten gilt es, Verantwortlichkeiten klar und einfach zu halten – auf einzelne Mitarbeiter bezogen. Als Drittes stärken Sie Ihre Mitarbeiter, sodass es ihnen leichter fällt, Verantwortung überhaupt zu übernehmen, eigenständig Prioritäten festzulegen und nicht zuletzt ihre Planungsmethoden zu optimieren.

Der erwünschte Effekt ist, dass die Kraftübertragung in Ihrem Unternehmen nicht ins Stocken gerät, sondern sauber und reibungslos läuft. Und dass die Planungskette vom ersten Brainstorming bis hin zum finalen Projektergebnis stets intakt bleibt.

1. Walk your talk!

»Alles klar, Frau Rothe, dann verbleiben wir so: Der Folder liegt am Donnerstag auf Ihrem Schreibtisch!«

Was für das Geschäftsgebaren und die Wirkung eines Unternehmens nach außen hin gilt, wird erst recht intern relevant. Im alltäglichen Umgang miteinander. Hier setzen Sie als Chef durch Ihr Verhalten Zeichen, die einen bleibenden Eindruck hinterlassen und indirekt das Verhalten Ihrer Mitarbeiter beeinflussen. Das reicht vom Abteilungsleiter bis hin zum Sachbearbeiter. Gehen Sie davon aus, dass die Menschen Ihre Vorgehensweise wahrnehmen und im Gedächtnis abspeichern.

Angenommen, Sie erwarten explizit von Ihren Mitarbeitern, Deadlines einzuhalten. Dabei können Sie nicht verhindern, dass Ihr eigenes Verhalten Ihren Worten entweder zusätzliches Gewicht verleiht – oder sie ad absurdum führt. Ihre Forderung wird mit dem Eindruck, den Ihre Mitarbeiter von Ihnen haben, abgeglichen. Das geschieht bei dem einen Menschen bewusst, beim anderen weniger bewusst. Entscheidend ist in jedem Fall, dass die Bereitschaft Ihres Gegenübers, sich an Ihre Anweisungen zu halten, entsprechend höher oder geringer ausfallen wird, je mehr Sie selbst dafür ein Vorbild sind.

Beobachten die Mitarbeiter, dass der Chef Deadlines verstreichen lässt und Zusagen kaum je einhält, so hat eine entsprechende Forderung seinerseits wenig bis kein Gewicht. Man wird sie abnicken und sich insgeheim denken: »Red du nur. Du hältst dich ja selber an nix!«

Um das Gewicht Ihrer Forderung zu erhöhen, verhalten Sie sich daher selbst genau so, wie Sie es von Ihren Mitarbeitern erwarten. Wenn Sie eine feste Terminzusage machen, dann halten Sie sie strikt ein – komme, was da wolle. Enttäuschen Sie Ihre Leute nicht, um Ihrerseits nicht enttäuscht zu werden. Das klingt banal, ist aber absolut kritisch. Nicht mit hohlen Worten ist die Kultur in Ihrem Unternehmen zu formen und zu erhalten, sondern primär durch handfeste, nachvollziehbare, beispielhafte Taten.

Dieselbe Konsequenz, die Sie durch Ihr eigenes Verhalten an den Tag legen, dürfen Sie umgekehrt auch von Ihren Mitarbeitern einfordern. Merken oder notieren Sie sich peinlich genau, wer sich bis wann zu welchem Teilergebnis verpflichtet hat. Zu welchem Termin ein Angebot rausgeschickt oder ein bestimmtes Produkt geliefert werden soll. Um welche Uhrzeit am nächsten Montag ein Protokoll oder Bericht in Ihrem Posteingang zu liegen hat. Behalten Sie auch Kleinigkeiten auf dem Schirm!

Verstreicht die vereinbarte Frist, gehen Sie auf den Betreffenden zu und konfrontieren ihn mit der Tatsache, dass Ihre Erwartungen nicht erfüllt wurden. Nur dadurch erkennen Ihre Mitarbeiter: Wenn ich eine Zusage gebe, wird darauf geachtet, ob ich sie auch einhalte. Andernfalls beruhigt man nach der zweiten oder dritten ergebnislos verstrichenen Frist klammheimlich das eigene Gewissen: »Na, dem Chef ist der genaue Termin doch egal. Wenn er's überhaupt merkt, dass ich immer wieder zu spät bin. Brauch ich mir also keinen Kopf drum zu machen!«

Um ein naheliegendes Missverständnis zu vermeiden: Das alles heißt nicht, dass Sie zum Chef-Typ des Perfektionisten werden sollen! Keine Angst – dies steht auch nicht zu befürchten. Vorausgesetzt, Sie halten sich an die Spielregel, wirklich erst nach Verstreichen einer Deadline die Konfrontation zu suchen, nicht vorher. Der springende Punkt ist, dass Sie Ihren Leuten durch Konsequenz signalisieren, dass Sie als Chef den Überblick haben. Und sich auch nicht mal so eben vergackeiern lassen.

Außerdem – strikter Konsequenz bedarf es im Idealfall nur während der Einführungsphase Ihrer Unternehmenskultur. Wenn sich erst einmal alles eingespielt hat und die Mitarbeiter die herrschenden Werte und Regeln verinnerlicht haben, sollten weniger »erzieherische« Maßnahmen nötig sein. Dann kann der Chef bei einem einzelnen Ausrutscher auch mal beide Augen zudrücken.

2. Keep it clean and simple

Im Konferenzraum der Olbrich GmbH, Hersteller von modernen Digitaldruckmaschinen. Eine neue Produktreihe ist geplant, es gibt auch schon einen Testkunden. Das Meeting ist zügig und produktiv verlaufen. Zum Schluss geht es nur noch um die Leitung des aufwendigen Projekts. Der Chef spricht einen der anwesenden Ingenieure an: »Herr Mahler, Sie als Mechaniker übernehmen bitte den Hardwarebereich. Sorgen Sie dafür, dass das neue Produkt rein technisch dazu in der Lage ist, aus einem Stapel Papier innerhalb von zwanzig Minuten ein fertiges Buch zu machen.« Mahler nickt. »Sie dagegen, Frau Ditzinger«, der Chef wendet sich an die IT-Spezialistin, »Sie und Ihre Leute kümmern sich bitte um alles, was die Software betrifft, inklusive Elektronik – Steuerungseinheiten, Benutzerinterface und so weiter.« – »Alles klar, Herr Olbrich.« – »Denken Sie daran, dass Sie beide zu gleichen Teilen für das Projekt verantwortlich sind«, erinnert der Chef seine Mitarbeiter. »Gut, das wär's. In vier Wochen treffen wir uns zur Inspektion des ersten Prototyps!«

Gut dreieinhalb Wochen später gehen Herr Mahler und Frau Ditzinger den fast fertigen Prototyp durch. Während der Vorführung für den Chef soll nichts mehr schiefgehen.

»In der Druckendstufe hab' ich noch eine Kleinigkeit verändert«, sagt Mahler beiläufig. »Die Walzenkombo 73 fällt weg, stattdessen …« – »Moment mal, die 73 fällt komplett weg?« Frau Ditzinger wiegt bedenklich den Kopf. »Die Software steuert die Walzen direkt an! Dann wird mein Team ein paar Routinen überarbeiten müssen. Das geht aber nicht so kurzfristig. Eine Woche brauch' ich mindestens mehr!« – »Klar, nimm sie dir«, meint Mahler. »Die paar Tage machen den Kohl nicht fett!«

Zum vereinbarten Termin erscheint der Chef in der Produktion. Seine Mitarbeiter, die an der immer noch nicht funktionstüchtigen Maschine werkeln, retten sich nach einer Schrecksekunde in gegenseitige Beschuldigungen.

Ditzinger zu Mahler: »Du hast doch angedeutet, dass du Herrn Olbrich über die Verzögerung informierst. Darauf hab ich mich verlassen!« Mahler zu Olbrich: »Ich ging davon aus, dass Frau Ditzinger als Mitverantwortliche Ihnen selber Bescheid gibt, wenn ihr Team mehr Zeit benötigt!« Olbrich zur Druckmaschine: »Scheißding, jetzt muss ich den Kunden vertrösten!«

Jeder Unternehmer kennt das: Ein Großprojekt ist in der Pipeline. Die Aufgaben scheinen klar verteilt. Es entsteht eine Panne – und niemand fühlt sich verantwortlich. Besonders ärgerlich ist es, wenn die Mitarbeiter das Problem absehen und reagieren könnten, stattdessen aber einfach weitermachen. Bis es zur Kettenreaktion kommt.

Dass es so läuft, kann in der Zahl der Verantwortlichen begründet sein. Es erscheint durchaus sinnvoll, mehrere Leute zugleich in die Pflicht zu nehmen: Wenn einer krank wird, ist der andere verfügbar. Oder man will vermeiden, dass sich einer, der fachlich mindestens genauso kompetent ist wie der andere, zurückgesetzt fühlt. Oder der eine, den man als Projektleiter im Auge hat, reagiert verhalten bis wenig begeistert. Weil er ja auch so schon genug zu tun hat. Mit dem Kollegen X an seiner Seite, behauptet er, würde er es am ehesten schaffen.

Mag der Chef sich auch noch so viel bei der Aufgabenverteilung gedacht haben – bei mehr als einem einzigen Verantwortlichen kann er fest damit rechnen, dass etwas schiefgeht. Und er nichts davon erfährt. Das fängt schon bei der Projektplanung an: Erweist sich ein Teilziel als schlicht undurchführbar oder liegt ein anderer planerischer Fehler vor, so will's hinterher keiner gewesen sein. Sobald mehr als einer verantwortlich ist, fühlt sich in Wahrheit keiner verantwortlich. Jeder verlässt sich im Problemfall darauf, dass der andere die Sache schon klären wird.

Um solche Situationen zu vermeiden, sollten Sie als Chef darauf achten, sauber zu definieren, *wer* den Hut auf hat. Im Falle der Verantwortlichkeit für ein Projekt heißt das: Es kann nur einen geben! Wenn Sie die Aufgabe außerdem noch richtig delegieren, erhalten Sie im Idealfall das volle Commitment des Mitarbeiters. Inklusive aller Verpflichtungen und des nötigen Verantwortungsbewusstseins, sofort aktiv zu werden, wenn abzusehen ist, dass etwas nicht hinhaut.

Das heißt nicht, dass dem verantwortlichen Projektleiter die ganze Arbeit aufgebürdet wird. Er muss aber dafür Sorge tragen, dass die Arbeit von irgendwem erledigt wird. Zu seiner vollen Verantwortung gehört auch, im Notfall von sich aus Feedback zu geben. Beispielsweise wenn einer seiner Mitarbeiter krank wird, jemand von dem Projekt abgezogen werden muss oder sonstige Probleme auftauchen. Dann hat der Projektleiter entweder gleich Verstärkung anzufordern oder dem Chef zumindest Rückmeldung zu geben, dass die vereinbarte Deadline aufgrund des verkleinerten Teams nicht einzuhalten ist. Ebenso muss er unverzüglich alle weiteren Betroffenen informieren.

Wenn das nicht passiert, wird ein Gespräch zwischen Ihnen und dem verantwortlichen Mitarbeiter nötig.

»Sie wollten doch Bescheid geben, wenn etwas schiefgeht!«

Ihr Mitarbeiter hat ein Projekt angenommen, sich zu vollem Commitment verpflichtet und ist in der Lage, den Überblick über die Lage zu behalten. Trotzdem gab es ein Problem – und er hat prompt versäumt, die Hand zu heben. Woran lag's?

Klären Sie im Gespräch die wesentlichen Fragen:

➤ Hat Ihr Mitarbeiter die Deadline aus den Augen verloren?

➤ Hat er es nicht geschafft, die Planung umzusetzen?

➤ Hat er eventuell nicht realisiert, dass es zu seiner Verantwortung gehört, im Problemfall zu kommunizieren?

Gut möglich, dass der Mitarbeiter vom Chef mehr Ermutigung gebraucht hätte, was die Kommunikation betrifft. Machen Sie Ihrem Mitarbeiter klar, dass es zu seiner Verantwortung gehört, sich vor Ablauf der Deadline zu melden, wenn ihm bewusst wird, dass sie nicht einzuhalten ist. Manchmal liegt es aber auch am Können, an der Kompetenz des Mitarbeiters: Er war mit der Planung und Durchführung schlicht überfordert. Dabei kann ihm zukünftig geholfen werden. Seltener ist die Ursache für die Fehlleistung aber auch im Wollen, im Kooperationsverhalten des Mitarbeiters, begründet: Dann hilft im Einzelfall nur ein Wechsel des Aufgabenbereichs: eine Versetzung.

Vergessen Sie außerdem nicht, dass Sie als Chef genauso in der Pflicht sind – beispielsweise dem Kunden gegenüber. Wenn Sie zwei Monate vor dem vereinbarten Liefertermin feststellen, dass das Produkt definitiv nicht fertig wird, dann suchen Sie sofort Kontakt. Falls Pönalen vereinbart sind, fragen Sie nach, ob sich etwas machen lässt. So geben Sie Ihrem Kunden Handlungsspielraum – er kann adäquat reagieren. Vielleicht verhindern Sie finanziellen Verlust.

Neben der Festlegung, *wer* etwas übernimmt, muss aber auch der Gegenstand der Arbeit klar definiert sein. Worum es geht, *was* also genau zu machen ist. Das beginnt bei scheinbar banalen, alltäglichen Dingen – die die gefürchtete Kettenreaktion auslösen, wenn sie danebengehen.

Angenommen, Ihr Betrieb soll ein Getriebe fertigen und liefern. Es handelt sich um ein Standardgetriebe vom Typ RF-421GY. Dieses Getriebe hat eine bestimmte Laufleistung und einen definierten Wellendurchmesser. Einer der Techniker ist in Eile und schaut nicht genau genug hin – vielleicht ist auch die Handschrift seines Kollegen schlecht lesbar. Anstatt des vom Kunden gewünschten Getriebes baut er den tendenziell häufiger verlangten »kleinen Bruder« desselben. Nennen wir ihn RF-421GX. Dieses Getriebe ist fast identisch mit dem GY. Nur der Wellendurchmesser ist ein anderer. Weshalb der Kunde rein gar nichts damit anfangen kann!

Um solche Pannen von vornherein auszuschließen, müssen die Angaben zur Sache präzise genug, sprich, unmissverständlich und eindeutig sein. Ansonsten stimmt hinterher nichts. GX oder GY? Wellendurchmesser 43 oder 48? Millimeter oder Zehntel-Inch? Gerade Maßeinheiten stellen oftmals eine kritische Stolperfalle dar. Wollen Sie sich im Baufachhandel ein Brett zuschneiden lassen, so erwartet der Angestellte standardmäßig eine Millimeterangabe. Wenn Sie nun »200 cm« sagen, die Einheitsangabe jedoch im Lärm der anlaufenden Kreissäge untergeht, dann erhalten Sie am Ende womöglich völlig unbrauchbare Ware: Das Brett ist viel zu klein – statt 200 cm nur 20 cm!

Wann immer Sie etwas definieren – halten Sie die Definition klar, eindeutig und für den Empfänger unmissverständlich. Versuchen Sie, sich in dessen Lage zu versetzen. Sorgen Sie dafür, dass das *Was* zweifelsfrei bei ihm ankommt, indem Sie alle denkbaren Informationslücken sauber kitten.

Was Ihnen möglicherweise banal und selbstverständlich erscheint, wird in der Praxis leider allzu oft vernachlässigt. Gerade Vereinbarungen zwischen mehreren Beteiligten können grundsätzlich kaum eindeutig genug formuliert sein. Denn selbst bei klarem *Wer* und sauber definiertem *Was* gibt es bei einer dritten wichtigen W-Frage – beim *Wann* – fast immer Unschärfen.

Mitte Februar. Bei der Firma Gabler & Co., die Farben und Lacke herstellt, findet ein Meeting statt, in dem eine neue Produktpalette für den nächsten Winter vorbereitet wird. Der Geschäftsführer wendet sich an seinen Entwicklungsleiter: »Herr Blischke, die Schadstoffanalyse sollte ja einen gewissen Vorlauf haben vor dem Launch. Kriegen Sie die noch unter, bevor …« – »Ja, ja«, fällt ihm Blischke ins Wort, »das machen wir dann im Herbst!« – »Können Sie es schon etwas genauer eingrenzen?« Blischke zögert: »Äh – vierzigste Kalenderwoche!« – »Gut«, meint sein Chef zufrieden, »dann ist das geklärt.«

Den meisten Mitarbeitern fällt es schwer, sich auf einen konkreten Termin festzulegen und diesen exakt und verbindlich zu äußern. Danach gefragt, bis wann genau dieses oder jenes fertigzustellen ist, gibt man als Antwort gerne einen möglichst weit gefassten Zeitraum: »Im September!« Was wohl eher heißt: »Gar nicht!« Oder: »Ende Oktober!« Also am 20.? Am 31.? Oder erst am 5. November?

Selbst eine x-beliebige Kalenderwoche ist als Angabe völlig vage und damit wertlos. Eine Woche hat immerhin fünf Werktage! Noch dazu kommt, dass die Kalenderwochen in manchen Jahren je nach Land unterschiedlich gezählt werden. Wenn beispielsweise das Jahr mit einem Samstag beginnt, gelten in den USA der 1. und 2. Januar als KW 1, in Deutschland der 3. bis 9. Januar. Es kann also vorkommen, dass Ihre Mitarbeiter der festen Überzeugung sind, den Liefertermin »KW 32« eingehalten zu haben – Ihr Kunde in den USA aber schäumt.

Und doch können Sie als Chef auch einer unscharfen Äußerung noch eine wichtige Information entnehmen – nämlich ob Ihre Mitarbeiter voll und ganz hinter einem Projekt stehen, wie ernsthaft sie daran glauben und wie hoch der Grad ihres Commitments zu sein verspricht.

»September« ist ein ganzer Monat. Das ist lang. Und lässt darauf schließen, dass Ihr Mitarbeiter sich im Moment keine Gedanken über den Zeitplan machen will. Für Ihre eigene Planung als Unternehmer brauchen Sie es genauer. Selten sind stundengenaue Festlegungen nötig, aber tagesgenau sollten sie in aller Regel schon sein. Wenn Sie sich gemeinsam auf Freitag, den 31. August einigen, sollten Sie Ihrem Mitarbeiter übrigens bis 24 Uhr Zeit lassen. Sprich, frühestens am darauffolgenden Montag nachhaken.

Entscheidend ist: Was auf den ersten Blick klar scheint, ist es auf den zweiten oft überhaupt nicht. Seien Sie lieber überdeutlich in Ihren Vereinbarungen. Je sauberer und genauer Sie etwas festlegen, desto eher wird sich tatsächlich aktiv jemand darum kümmern.

Turbo-Tipp: Klare Antworten auf die drei W-Fragen

Um zu vermeiden, dass Kunden sich über geplatzte Termine beschweren, sollten Sie im Vorfeld sicherstellen, dass die Antworten auf die drei W-Fragen für das Projekt klar, eindeutig und präzise beantwortet wurden.

➤ *Wer?* Bestimmen Sie einen einzigen Zuständigen, der sich zur gesamten Verantwortung und zu vollem Commitment verpflichtet.

➤ *Was?* Legen Sie exakt fest, worin die Aufgabe besteht. Bis ins Detail. Auch wenn Dinge selbstverständlich scheinen: Die Erfahrung zeigt, dass Unklarheiten oft erst direkt im Arbeitsprozess auftreten. Und: Doppelt genäht hält besser! Also besser etwas zweimal sagen, als es einmal missverstanden zu lassen.

➤ *(bis) Wann?* Geben Sie sich nicht mit vagen, ganze Zeiträume umfassenden Terminen zufrieden. Verlangen Sie eine tagesgenaue Angabe, ein konkretes Datum. Notfalls legen Sie auch gleich eine Uhrzeit fest.

So gewährleisten Sie, dass Aufgaben und Zuständigkeiten eindeutig festgelegt sind. Die Kettenreaktion wird damit höchstens noch bei schwerwiegenden und unvorhergesehenen Zwischenfällen ausgelöst, aber kaum mehr durch Missverständnisse oder Unachtsamkeiten. Erfahrungsgemäß eine einfache und doch höchst effektive Taktik. Clean and simple!

Wenn Sie nicht gerade über ein fotografisches Gedächtnis verfügen, versteht es sich fast von selbst, dass Sie die Vereinbarungen nicht samt und sonders im Kopf behalten können. Auch um zu vermeiden, dass Ihre Mitarbeiter bei der Klärung der drei W-Fragen zu gähnen anfangen, empfiehlt es sich, die Ergebnisse schriftlich festzuhalten.

»Das dauert doch viel zu lang!«, ist ein beliebter Einwand.

Sorry, aber das ist Quatsch! Sie haben ja nicht vor, einen Roman abzufassen, sondern lediglich ein paar formlose Stichpunkte zu notieren. Zwei bis drei Sätze, die die wichtigsten Informationen enthalten, genügen vollauf. Je kürzer das Ergebnisprotokoll, desto besser. Sie brauchen nicht einmal irgendeine komplizierte Word-Vorlage dazu. Der Vorteil ist, dass Sie und Ihre Mitarbeiter eine klare Referenz haben, die keinen Interpretationsspielraum lässt und im Zweifelsfall jederzeit zurate gezogen werden kann.

Referenzpapier statt Info-Dump

Stellen Sie sich vor, Sie seien Mitarbeiter eines IT-Unternehmens. Vor Ort beim Kunden soll die EDV installiert werden. Ihr Team hat sich versammelt, der Projektleiter ergreift das Wort. (Lesen Sie die folgenden Absätze zügig durch, und decken Sie sie danach mit einem Blatt Papier oder Ähnlichem ab.)

»Also, Leute, hier schnell die nötigen Infos zur Arbeit in den Pharma-Büros kommende Woche. Insgesamt gibt es drei Gebäude, wir fangen mit dem dritten an, und zwar im zweiten Stock, weil überall sonst noch zwei Wochen lang renoviert wird.

Wir installieren jeweils zwei Rechner pro Tisch, und zwar nicht gegenüber, sondern nebeneinander. Die Macs sind für den dritten Stock reserviert, wir verbauen diese Woche also nur PCs. Wichtig zu wissen: Die Netzwerkbuchsen liegen den Steckdosen gegenüber. Nur die Macs sollen ins WLAN, also unbedingt alles verkabeln. Die Mail-Clients sind auf reinen IMAP-Betrieb zu konfigurieren. Ach ja, die vom Kunden gewünschte Office-Lösung ist LibreOffice, nicht OpenOffice.

Wenn Ihr fertig seid, meldet euch diesmal bei Spohler. Ihr seid zu siebt, bei vierhundert einzurichtenden Arbeitsplätzen also leicht unterbesetzt. Aber keine Sorge, am Mittwoch stoßen Offermann und Mackenzie zu euch. Da Stockert am Donnerstag drei Stunden frei hat und bei Pfarrius am Freitagmorgen ein Arzttermin ansteht, wird das auch dringend nötig sein.

Fragen soweit? Nein? Gut, dann los!«

Haben Sie die Instruktionen verdeckt? Dann versuchen Sie nun, aus dem Kopf folgende Fragen zu beantworten:

➤ Welcher Branche gehört der Kunde an?

➤ Was liegt gegenüber den Netzwerkanschlüssen?

➤ In welchem Gebäude sollen die Rechner installiert werden?

➤ Wie viele Rechner welcher Bauart sind einzurichten?

➤ Wie heißt die vom Kunden benötigte Office-Lösung?

➤ Wann stößt die Verstärkung des Teams hinzu?

➤ Bei wem soll man sich melden?

Wie auch immer Ihre persönliche Quote ausfällt: Bei so manchem Mitarbeiter hätte eine schriftliche Referenz anstatt des langen, mündlichen Info-Dumps sie sicher noch verbessert!

3. Die Mitarbeiter stärken

»'n Abend, Herr Lütz!« Der Chef schwenkt einen Schnellhefter, aus dem kreuz und quer Papier herausquillt. »Hier ist das Material vom Brainstorming heute Nachmittag. Könnten sie daraus noch schnell einen schönen Bericht von drei bis fünf Seiten Länge zusammenschreiben? Sie bringen die Infos doch immer so schön verständlich auf den Punkt!« Herr Lütz hat kaum Zeit zu überlegen – seine Gedanken sind bei dem Angebot, das er gerade bearbeitet, außerdem hat der Chef den Hefter schon auf seinem Schreibtisch abgelegt. Lütz nickt. »Super, vielen Dank! Und einen schönen Abend!«

Kaum ist der Chef aus der Tür, bereut Lütz seine spontane Reaktion. Schließlich soll das Angebot morgen früh um 8 Uhr beim Kunden sein. Jetzt ist schon fast halb sechs. Um sowohl das Angebot fertigzustellen als auch den Bericht für den Chef zusammenzuschreiben, wird Lütz heute mal wieder länger arbeiten müssen. Mindestens bis halb neun oder neun …

In zeitlich kritischen Situationen neigen viele Mitarbeiter dazu, Zusagen zu machen, die sie hinterher bereuen. Erst dann nämlich wird ihnen klar, dass die Mehrarbeit kaum zu bewältigen ist. Anstatt abzuwägen, wird vorschnell »Ja« gesagt – nur um später in noch größeren Druck zu geraten. Das »Ja« bedeutet eigentlich ein aufgeschobenes »Nein«.

Dabei spielt oft genug der Sägezahn-Effekt eine Rolle. Der Mitarbeiter wird herausgerissen aus der aktuellen Tätigkeit – also gibt er die Antwort, die am schnellsten wieder Ruhe einkehren lässt. Nur um für den Moment wieder fokussiert und effizient arbeiten zu können. Vielleicht ist er gerade auch einfach nicht aufnahmefähig, sondern tief versunken in der eigenen Arbeit. Er hört gar nicht richtig zu, sondern reagiert einfach so, dass der Chef sich möglichst rasch wieder trollt: »Ja, ja, klar, wird gemacht!« Im schlimmsten Fall vergisst er die neue Aufgabe gleich wieder, was später umso ärgerlichere Folgen hat.

Eigentlich liegt dem Ganzen also die Überlastung der Mitarbeiter zugrunde. Sie haben aus der alltäglichen Erfahrung gelernt, dass sie ohnehin nicht klarkommen. Dass Termine sich ständig verschieben. Also geben sie irgendwann auf und lassen die Dinge einfach laufen. Ob sie sieben Aufgaben oder acht nicht rechtzeitig abschließen können, ist ja auch völlig egal … Hauptsache, sie erwecken beim Chef den Eindruck, leistungsbereit zu sein.

Überlastung und Indifferenz erzeugen Angst davor, Prioritäten zu setzen. Abzuwägen. »Nein« zu sagen.

Das Dumme ist nur: Die Warteschlange zu erledigender Aufgaben wird dadurch nicht kürzer. Sie wächst im Gegenteil umso rascher an. Noch dazu bleibt völlig auf der Strecke, was eigenständige Mitarbeiter eigentlich lernen sollten – nämlich bewusst Verantwortung zu übernehmen. Ein »Ja«, das eigentlich ein »Hau ab« meint, impliziert jedenfalls kein volles Commitment. Vielmehr steckt dahinter genau das Gegenteil: eine Form von Verantwortungsverweigerung.

Ein entscheidender Schritt, um Ihre Leute zur eigenständigen, bewussten Übernahme von Verantwortung zu bewegen, besteht in einer genaueren Planung der Aufgaben. Darin, dass Ihre Mitarbeiter lernen, vor übereilten Zusagen in den Helikopter zu steigen und sich einen Überblick zu verschaffen: Wie viel Zeit brauche ich für die neue Aufgabe? Habe ich allein beziehungsweise hat mein Team die personellen und fachlichen Ressourcen dazu? Und vor allem: Wie viele andere Sachen sind möglicherweise zuerst zu erledigen? Passt das Neue im Moment überhaupt rein? Muss ich die Entscheidung vielleicht sogar auf später verschieben, weil ich gerade nicht absehen kann, ob ich das alles schaffe?

Diese Fragen sollten sich Ihre Mitarbeiter in jeder Konstellation stellen dürfen – ob nun untereinander, im Umgang mit Kunden oder dem Chef gegenüber. Wie bringen Sie Ihre Leute nun aber dazu, dass sie sich angewöhnen, an diese Fragen überhaupt zu denken?

Indem Sie sie behutsam coachen.

Wenn man Ihnen eine offensichtlich vorschnelle, unbedachte Zusage gibt, sollten Sie als Erstes direkt nachhaken. Lassen Sie Ihren Mitarbeiter nicht mit einem »Ja, klar, und tschüss!« davonkommen. Stellen Sie selbst die nötigen Fragen:

- ➤ »Bis morgen, sagen Sie? Wunderbar! Und wie gehen Sie das an, schließlich haben Sie doch noch anderes zu tun?«

- ➤ »Morgen klingt gut! Könnten wir uns auf eine Uhrzeit einigen? Wann genau kann ich mit dem Ergebnis rechnen?«

Lassen Sie keine Ungenauigkeiten zu. Beharren Sie auf einer Festlegung. Sie werden rasch merken, dass sich die Kommunikation nach und nach verändert. Dass die Mitarbeiter allmählich den Mut finden, auch mal zu sagen:

»Also, wenn ich genau nachrechne, dann kann ich die Aufgabe doch erst bis übermorgen Mittag abschließen. Es sei denn, ich lasse das Projekt B bis dahin liegen, dann schaffe ich es bis morgen Mittag – was ist Ihnen lieber?«

Indem Sie Unschärfen hinterfragen und Ihren Mitarbeitern einen Impuls geben, über die Details einer Zusage nachzudenken, brechen Sie deren Gewohnheit auf, nur aus Gefälligkeit unhaltbare Zusagen zu treffen. Und Sie helfen Ihren Leuten auf Dauer, sich einen bewussten Planungsüberblick anzugewöhnen. So schaffen Sie langfristig die Kultur eines Unternehmens, wo Absprachen getroffen und Zusagen gemacht werden, ohne dass man vor der Deadline auch nur ein einziges Mal nachhaken muss. Und wo man es wagt, sich zu melden, sobald abzusehen ist, dass man die Deadline nicht einhalten kann.

Turbo-Tipp: Mitarbeitern Spielraum lassen

Bewusste Übernahme von Verantwortung sowie die Bereitschaft zum Planungsüberblick lassen sich stärken, indem Sie Ihren Mitarbeitern Reaktionsspielräume zugestehen:

➤ Mitarbeiter dürfen Unterbrechungen verweigern. Es ist keinesfalls unhöflich, wenn man sagt: »Nicht jetzt, ich melde mich später deswegen!« Im Gegenteil, es wirkt unter Umständen sogar höflicher als ein achtloses »Jaja, okay« – weil es die Bereitschaft zeigt, sich ernsthaft mit der Sache auseinanderzusetzen.

➤ Mitarbeiter sollten eigenständig Alternativen anbieten, wenn sie gerade unabkömmlich sind: »Jetzt passt es mir gerade nicht, aber können wir uns in einer Stunde darüber unterhalten?« Damit wird zugleich die Angst vor dem »Nein«-sagen-Müssen herausgenommen – selbst wenn man später doch zu einer Absage gezwungen ist.

> Mitarbeiter müssen mitunter auch vermeintlich unaufschiebbare Kundenanfragen abwiegeln: »Hallo, ich bräuchte jetzt sofort eine fundierte Beratung zu dem und dem Thema!« Solche Anfragen können oft hintangestellt werden. Auch hier ist das Angebot einer Alternative entscheidend: »Ich bin gerade beschäftigt, kann ich Sie gegen 12 Uhr zurückrufen?« So ist die Sache mit einer Kleinigkeit wie einem Rückruf oder einer knappen E-Mail erledigt. (In seltenen, dringenden Fällen können die Mitarbeiter ja trotzdem eine Ausnahme machen und den Kunden sofort bedienen.)

Lassen Sie Ihren Mitarbeitern die Möglichkeit, »Ja« oder »Nein« zu sagen, damit Sie sich auf ein »Ja« auch wirklich verlassen können. Und: Stellen Sie Rückfragen und lassen Sie sich widerspiegeln, dass Ihr Anliegen verstanden wurde, bevor Sie wieder auseinandergehen.

Wie schaffen Sie es nun, dass Ihre Mitarbeiter sich einen Überblick über die Situation verschaffen und im Tagesgeschäft auch möglichst behalten? Eine große Hilfe dabei stellt die sogenannte rollierende Planung dar. Anfangs benötigen Ihre Leute hier möglicherweise Unterstützung. Spätestens einmal am Tag – zum Beispiel abends – sollte jeder sich überlegen: Wo stehe ich gerade? Welche Aufgaben sind wichtig? Was bedeutet das für die Zusagen, die ich morgen geben kann?

Gehen Sie gemeinsam Schritt für Schritt vor, um geschickt und flexibel planen zu können:

> Legen Sie mit jedem Mitarbeiter eine Liste von dessen Aufgaben für den nächsten Tag und den Rest der Woche an.

> Auf einer weiteren Liste wird festgehalten, wem der Mitarbeiter welche Zusagen gegeben hat.

> Als Nächstes gehen Sie alles im Detail durch: Welche Aufgaben stehen an? Wie viele Projekte? Sind Milestones zu erreichen? Kann man Dinge hin und her schieben, um Clashs zu vermeiden?

➤ Nun schätzen Sie die benötigte Zeit ab und verplanen die Woche entsprechend. Wichtig sind Pufferzeiten: Rechnen Sie damit, dass etwas dazwischenkommt. Bei mehr als 60 Prozent verplanter Zeit haben Sie keine Chance, notfalls flexibel zu reagieren.

➤ Eine Woche später setzen Sie sich erneut zusammen, gehen die Planung durch und überlegen, wo es Probleme gegeben hat. Passen Sie die Planung für die nächste Woche entsprechend an.

➤ Zu guter Letzt: Denken Sie daran, dass die wenigsten Sachen innerhalb von Stunden oder gar Minuten erledigt sein müssen. Es reicht also, sie im nächsten Planungszyklus zu berücksichtigen. Zumindest die großen, wichtigen Projekte und Aufgaben sollten mit dieser Methode selten schiefgehen!

Natürlich können Sie nicht regelmäßig mit jedem Mitarbeiter dessen Planung durchgehen. Es reicht, wenn Sie das zu Beginn ein- bis zweimal tun, bis der Mitarbeiter die Vorgehensweise verinnerlicht hat. Danach stellen Sie noch ein oder zwei Wochen lang stichprobenartig Fragen zu seiner Planung. Wenn das klappt, überprüfen Sie nur noch anhand der Ergebnisse, ob die Planung funktioniert.

Ein möglicher Konfliktpunkt sind die »Ongoing«-Tätigkeiten. Ein Vertriebsleiter hat neben den Projekten, die auf bestimmte Zeitpunkte festgelegt werden müssen, auch noch laufend anderes zu erledigen. Da droht die Gefahr, dass die längerfristigen Arbeiten von kurzfristigen Terminen an den Rand gedrückt werden.

»Die Anfrage muss bis Mittwoch Abend beantwortet sein? Eigentlich wollte ich an dem Tag ja Akquise machen, aber dringend ist das nicht, mach' ich ja eh laufend – dann schiebe ich die Anfrage halt ein.«

So vergeht immer mehr Zeit mit terminierten Aufgaben, und für die Grundlagenarbeit, die wichtig, aber nicht dringend ist, bleibt kaum noch etwas übrig. Anstatt sich mit einem »Ja, klar, das ist ongoing« herauszureden, hilft auch hier die aktive Planung und genaue Festlegung von Maßnahmen wie zum Beispiel der Kaltakquise:

➤ Wie viele Anrufe bei Neukunden sind geplant? ➟ Drei.

➤ Wann werden diese erledigt? ➟ Freitagvormittag.

➤ Wie viel Zeit benötigen Sie dafür? ➟ Eine Stunde.

➤ Wann genau also? ➟ 9–10 Uhr.

> **Turbo-Tipp: Schriftlich planen**
>
> Wie Sie die Planung festhalten, ist im Prinzip egal. Entscheidend ist, *dass* Sie sie festhalten – und zwar schriftlich. Rein aus dem Bauch heraus zu arbeiten führt dazu, dass Termine platzen wie ein rostiges Kettenglied!
>
> Ein Patentrezept, wie Sie Ihre Planung organisieren, gibt es nicht. Ob Sie eine iPhone-App benutzen oder einen klassischen Termin- planer, ob Sie Post-Its am Monitor den Popups Ihrer Office-Lösung vorziehen oder gar ausführliche To-do-Listen anlegen, spielt keine Rolle. Hauptsache, es funktioniert, und Sie und Ihre Mitarbeiter behalten den Überblick!

Als Chef verfahren Sie übrigens genauso. Wenn Sie sich an einem Tag von 9 bis 11 Uhr Zeit für Projekt A einplanen und von 14 bis 16 Uhr Zeit für Projekt B, können Sie theoretisch an zweihundert Tagen vier- hundert Teilschritte erledigen. Sie haben nur vier Stunden täglich ver- plant, der Rest ist verfügbar für E-Mails, Meetings, Smalltalk und das übrige Tagesgeschäft.

Ohne genaue Planung dagegen pflügen Sie sich bloß durch das operative Geschäft und haben jeden Abend trotzdem irgendwie das Gefühl, nichts Weltbewegendes auf die Reihe gekriegt zu haben. Je genauer Sie dagegen planen und je konsequenter Sie sich an die Planung halten, desto zufrie- dener fühlen Sie sich am Ende jedes einzelnen Arbeitstags. So gelingt es Ihnen und Ihren Mitarbeitern, Zusagen wirklich zuverlässig einzuhalten.

Kurz und bündig

➤ Walk your talk: Gehen Sie Ihren Mitarbeitern mit gutem Beispiel voran, indem Sie Ihre eigenen Zusagen strikt einhalten.

➤ Zeigen Sie Ihren Mitarbeitern, dass Sie konsequent sind, indem Sie überprüfen, ob verbindlich getroffene Zusagen auch bis zum vereinbarten Termin eingehalten werden.

➤ Beschränken Sie die Verantwortung für ein Projekt oder eine Aufgabe auf einen einzelnen Mitarbeiter. Erlauben Sie ihm, selbstständig und mit höchstem Commitment die volle Verantwortung zu übernehmen.

➤ Keep it clean and simple: Legen Sie alle Details unmissverständlich fest, und sorgen Sie für schriftliche Fixierung. Achten Sie auf die konkrete, präzise Beantwortung der drei W-Fragen (*Wer* macht *was* bis *wann*?).

➤ Stärken Sie Ihre Mitarbeiter: Helfen Sie ihnen dabei, sich durch rollierende Planung eine Übersicht zu schaffen und diese bei neuen Aufgaben routinemäßig zu überprüfen.

➤ Schaffen Sie eine Unternehmenskultur, die es den Mitarbeitern erlaubt, nicht nur die Hand zu heben, wenn etwas absehbar schiefgeht, sondern auch »Nein« zu sagen, sobald in der aktuellen Planung kein Platz mehr ist für zusätzliche Aufgaben.

Kapitel 7
Die sollen ja gerne was ausprobieren.
Es darf nur nichts schiefgehen!

Wie Sie mutige und kreative Mitarbeiter bekommen

Wirkungsgrad: Maß der Effizienz bei jeder Art von Energieübertragung. Er ergibt sich aus dem Quotienten von Nutzenergie und zugeführter Energie und wird meist in Prozent angegeben. Ein Elektromotor etwa hat typischerweise einen Wirkungsgrad von über 90 Prozent, der Wirkungsgrad einer Glühlampe liegt dagegen bei nur drei bis fünf Prozent. Auch bei einem Kfz wird nur ein Teil des verbrannten Kraftstoffs in Bewegungsenergie umgewandelt. Die übrige Energie geht als Abwärme oder durch Reibung verloren. Bei Maschinen kann aufgrund der Reibungs- und Wärmeverluste niemals ein Wirkungsgrad von 100 Prozent erreicht werden; der Wert liegt stets darunter. Einen Wirkungsgrad von über 100 Prozent würde nur ein Perpetuum Mobile aufweisen, das heißt eine imaginäre Maschine, die dem Energieerhaltungssatz widerspräche.

Weder mutig noch kreativ?

In einer Filialküche der großen Restaurantkette Maître de Cuisine. Es ist nichts los. Zwei Mitarbeiter trinken Kaffee und unterhalten sich.

»Das typische Dienstagnachmittagsloch«, meint Oliver vom Servicepersonal. »Irgendwie scheint da niemand ausgehen zu wollen. Als hätte die Bevölkerung sich abgesprochen. Oder die Wirtschaftskrise ist schuld.« – »Im Prinzip könnten wir die Küche dienstags komplett zumachen«, pflichtet ihm Jungköchin Yvonne bei. »Für die paar wenigen Gäste lohnt sich's einfach nicht.« – »Oder man müsste was anbieten, was es sonst nirgendwo gibt.«

Beide schweigen eine Weile. Die Kaffeemaschine gurgelt.

»Du, das ist die Idee!«, sagt Yvonne auf einmal. »Kein Service am Dienstag mehr. Stattdessen könnte man doch so eine Art Kochabend veranstalten …« – »Kein Service? Willst du mich feuern?«, tut Oliver empört. »Quatschkopf!«, lacht Yvonne. »Später wird zusammen gegessen. Wie bei einer geschlossenen Gesellschaft.« – »Spätestens da würden die schwarze Brigade und ich ja gebraucht.« – »Genau. Stell dir doch mal vor, wie lebendig das hier wäre, wenn wir Kochkurse für verschiedene Zielgruppen anbieten. Für Familien, Paare, Singles, Rentnergruppen … unter Anleitung der Köche. Und hinterher wird's gemütlich. Ich seh' schon die Deko vor mir …« – »Das könnte echt cool werden!« Oliver ist begeistert. »Man weiß es natürlich erst, nachdem man's ausprobiert hat. Was meinst du – ob wir mit der Idee zum Geschäftsführer gehen sollten? Jetzt gleich?«

Yvonne stutzt. »Nee, lass mal«, winkt sie ab. »Der Dahlmann wischt doch eh alles beiseite, was nicht auf seinem eigenen Mist gewachsen ist. Nachher kriegen wir noch eins auf den Deckel, weil er denkt, seine Leute spinnen während der Schicht nur 'rum anstatt zu arbeiten!»

Als Chef eines Unternehmens fühlt man sich manchmal wie von Zombies umgeben. Scheinbar in Trance erledigen die Mitarbeiter gerade mal das Nötigste, um den Betrieb am Laufen zu halten. Das ist selten mehr als das, was in der Ausschreibung für den Job nachzulesen war. Oder einfach das, was man bisher gemacht hat. Schließlich hat es funktioniert. Und fürs Gehalt hat's gereicht.

In den Meetings finden die Mitarbeiter die Ideen des Chefs total okay. Neue Ideen, frische gedankliche Impulse, konstruktive Verbesserungsvorschläge? Fehlanzeige. Die Mitarbeiter probieren einfach das aus, was der Chef vorgeschlagen hat. Nach Wochen kommt dann das Feedback: »Hat nicht funktioniert!« Schlägt der Chef daraufhin eine alternative Lösung vor, wird diese begeistert aufgenommen. Und der Chef fragt sich zu Recht, ob in seinem Laden außer ihm eigentlich irgendjemand auch nur für fünf Cent nachdenkt. Geschweige denn vorausdenkt.

Wenn Ihre Mitarbeiter nur genau das tun, was Sie ihnen sagen, dann bringt das Ihr Unternehmen auf Dauer nicht weiter. Nur Mitarbeiter, die von selbst auch einmal eine Idee äußern, fördern das Wachstum und die Zukunftsfähigkeit Ihres Unternehmens.

Sie wollen, dass Ihre Leute kreativ sind und Eigeninitiative zeigen. In der Praxis erleben Sie aber jeden Tag Mitarbeiter, die wie im Standby-Modus laufen und nur in Aktion treten, wenn Sie auf den Knopf drücken. Woran liegt es aber, dass Mitarbeiter nie eigene Ideen und Vorschläge entwickeln und äußern? Dass sie immer stur nach den Vorgaben des Chefs handeln und dabei immer dieselben standardisierten, risikobefreiten Prozesse bemühen? Vielleicht liegt hier schon ein Teil der Antwort: das Risiko.

Eine Ursache der mangelnden Bereitschaft für Neues sind negative Erfahrungen. Viele Mitarbeiter kennen die Situation: Sie haben sich schon einmal darum bemüht, eine eigene Idee zu verwirklichen. Etwas Neues auszuprobieren. Kreativ zu sein. Und es ist womöglich schiefgegangen. Die Kollegen, auf die man zählte, ließen einen im Stich. Das Projekt ging in die Hose. Das Endprodukt war unbrauchbar. Und der Chef war sauer. »Das gibt's doch nicht, wie kann man nur so bescheuert sein!?«

Auch wenn der Chef nicht gerade losbrüllt wie ein wütender Bisonbulle, wird er seine Enttäuschung und Verärgerung dennoch nicht verbergen können. Manchmal reicht ein Stirnrunzeln oder eine subtile Handbewegung, um dem betreffenden Mitarbeiter auch ungewollt zu signalisieren: »Das machst du nicht noch mal!«

161

Selbst wenn die Idee des Mitarbeiters funktioniert – manche Chefs sind ungehalten, wenn sie von Änderungen in Abläufen und Prozessen erfahren. Was vom Standard abweicht, wird erst einmal misstrauisch beäugt. »Unsere Methode sichert uns seit zwanzig Jahren die Marktführerschaft auf diesem Sektor. Sie wurde entwickelt und verfeinert und hat sich glänzend bewährt. Experimente sind hier weder notwendig noch erwünscht. Bitte erklären Sie mir genau, warum Sie unter Berücksichtigung dieser Aspekte dennoch Verbesserungsbedarf gesehen und ohne Rücksprache entsprechend gehandelt haben!«

Den zuständigen Mitarbeiter zu rüffeln hat in jedem Fall eine direkte Konsequenz: Er wird es kein zweites Mal wagen, die etablierten Methoden infrage zu stellen. Er wird sich hüten, jemals wieder etwas Neues auszuprobieren. Schließlich könnte er wieder Fehler machen und erneut dafür abgemahnt werden. Wenn er nicht gleich gefeuert wird. Daher nimmt seine Risikobereitschaft exponentiell ab. Eigentlich verständlich – denn welcher engagierte Mitarbeiter ist schon froh, wenn seine Arbeit anscheinend nicht wertgeschätzt wird und innovativ gemeintes Handeln nur Ärger und Probleme nach sich zieht?

Verschärft wird das Problem dadurch, dass sich bei den Mitarbeitern schleichend eine Haltung im Bewusstsein verankert, die man den »inneren Kritiker«, ja den »inneren Zensor« nennen könnte. Sie arbeiten nach der Maxime: »Der Chef will, dass ich mich nur auf sicherem Terrain bewege.« Also quälen sie sich erst gar nicht mit der Überlegung, wie sie den Stacheldraht überwinden könnten, hinter dem – womöglich für alle deutlich sichtbar – die bessere Idee, die ideale Lösung bereitsteht. Diese Gedanken werden gar nicht mehr zugelassen. Alles läuft nur noch in den überschaubaren Bahnen ab, die der Chef vorgegeben hat.

Wenn Sie gegenüber Fehlern eine sehr kritische Haltung einnehmen, ersticken Sie damit also nicht nur die Kreativität der Mitarbeiter, sondern auch deren Risikobereitschaft. Und ein Risiko liegt nicht nur darin, Neues auszuprobieren. Sondern auch darin, Ihnen zu widersprechen.

Niemand wird Ihre Vorschläge hinterfragen. Das ist aber nötig. Kein Mensch hat ausschließlich brillante Ideen, kein Mensch kann jeden Detailaspekt ständig im Auge behalten. Dafür brauchen Sie als Korrektiv den kritischen Blick aus dem jeweils eigenen Erfahrungsschatz Ihrer Mitarbeiter auf die potenziellen Schwachpunkte Ihrer Planungen und Vorschläge.

Deshalb haben Sie darauf geachtet, dass Sie verantwortungsvolle Positionen nur mit eigenständigen Köpfen besetzen. Aber im Lauf der Zeit haben diese Mitarbeiter ihre Eigenständigkeit immer mehr verloren. Jetzt wundern Sie sich darüber, dass sie scheinbar weniger Hirnaktivität aufweisen als ein Tiefseeschwamm. Und höchstens noch die Vorschläge abnicken, die von Ihnen kommen. Wie die Wackeldackel. Jasager und Mitarbeiter, die sofort verstummen, wenn Sie auch nur einmal die Augenbraue hochziehen, sind tödlich für jede Innovation.

Was aber bringt einen Unternehmer dazu, Eigenmächtigkeiten ständig zu rüffeln und auf diese Weise innovative Ideen zu unterdrücken? Eigentlich müsste er es doch begrüßen, wenn seine Mitarbeiter frei und eigenständig zu neuen Lösungen gelangen. Wenn sie ungewöhnliche, aber vielversprechende Ideen verwirklichen. Wenn sie Abläufe und Prozesse optimieren, damit das Unternehmen zukünftig Geld und Ressourcen einsparen kann.

Grob gesagt, sind es meistens hauptsächlich zwei Faktoren. Einer davon ist der Perfektionsanspruch des Chefs. Fehler glaubt er vermeiden zu müssen wie der Teufel das Weihwasser. Der andere ist die Tatsache, dass seine Erwartungen an die Mitarbeiter in sich schon widersprüchlich sind. Denn einerseits erwartet er ja Eigenständigkeit und Innovation. Andererseits hat er als Chef Schwierigkeiten, seinen Leuten den nötigen Raum zu lassen, um diese Eigenständigkeit auch leben zu können. Beide Probleme muss er gesondert betrachten. Und sich darin schulen, sie möglichst zu vermeiden.

1. Die Null-Fehler-Falle

Auf der Website eines großen, international agierenden Industriekonzerns ist zu lesen:

> **»Null Fehler‹ in allen Prozessen und Produkten**
>
> Qualitätsdenken ist in unserer Unternehmenskultur seit jeher tief verankert und wird tagtäglich gelebt. Ein konsequentes und durchgängiges Qualitätsmanagement in allen Phasen – von der Entwicklung bis zur Serienfertigung – gewährleistet höchste Produktsicherheit.
>
> Das Ziel unserer Qualitätspolitik erschöpft sich nicht darin, fehlerhafte Produkte zu entdecken und auszusortieren. Unser Qualitätsdenken sorgt vielmehr dafür, dass Fehler erst gar nicht entstehen. ›Null Fehler‹ ist deshalb das erklärte Unternehmensziel der (…) Gruppe.«

Diese Regelung hat eine Geschichte. Als sie auf einer Managementtagung des Konzerns vor einigen Jahren eingeführt wurde, war auch der damalige Geschäftsführer des industriellen Servicebereichs anwesend. Nennen wir ihn Bernd Geropp. Er wagte es, den Vorstandsvorsitzenden mit folgendem Einwand zu unterbrechen:

»Ich sehe ein, dass dieses Ziel für die Produktion wichtig ist. Ich sehe aber nicht, wie es für unseren Bereich, die Softwareentwicklung, umsetzbar sein soll. Keine Software ist jemals fehlerfrei. Das kriegen wir nicht hin, da müssten wir uns zu Tode testen!«

»Null Fehler ist unser Ziel«, lautete die Antwort, »in allen Prozessen: Es bleibt dabei!«

Bei vielen Unternehmen herrscht ein allgemeiner Perfektionsanspruch, der einem Wirkungsgrad von 100 Prozent gleichkommt. Schütteln Sie nicht den Kopf – diese Erwartung hat durchaus ihre Berechtigung, auch wenn sie den Umgang zwischen dem Chef und seinen Mitarbeitern tendenziell erschwert.

Die Krux ist die: Beschwert sich ein Kunde über ein fehlerhaftes Produkt, überkommt den perfektionistisch denkenden Unternehmer sofort die schiere Angst um seine Existenz. Er sieht seinen guten Namen in Gefahr. Womöglich verliert er nicht nur diesen Kunden, sondern noch zwei weitere. Der Ruf seines Betriebs wird leiden. Der Umsatz wird sinken. Die Arbeitsplätze seiner Mitarbeiter sind gefährdet.

Im Grunde weiß der Chef, dass diese Sorge übertrieben ist. Er will auch keinesfalls Panik verbreiten. Aus seiner eigenen Sicht hält er sich schwer zurück, vermeidet jede Anspielung auf Umsatzrückgänge und sagt im Meeting nur zu seinen Mitarbeitern: »Der Kunde hat sich bei mir beschwert! Leute, das geht ja gar nicht. Reißt euch zusammen, so blöde Fehler wie bei diesem Produkt dürfen wir nie mehr machen!«

Was bei den Mitarbeitern hängenbleibt, ist aber: »Wir dürfen keine Fehler machen!« Auch wenn der Chef sich differenzierter ausgedrückt hat, signalisiert er durch seine Emotion den Mitarbeitern ungewollt: Fehler sind grundsätzlich nicht erlaubt!

Gerade wo ein winziger Fehler im Zweifelsfall katastrophale Auswirkungen hat, ist die Null-Fehler-Mentalität sehr verbreitet. Zum Beispiel in der Luft- und Raumfahrt. Selbst mit der kleinstmöglichen Fehlerrate besteht für Passagiere oder Astronauten ein hohes Sicherheitsrisiko, das es zu beseitigen gilt. Hier wird das Gesamtsystem so konzipiert, dass es mögliche Fehler direkt kompensieren kann. Das funktioniert natürlich nur bis zu einem gewissen Grad – Hauptsache, es kommt nicht zum Absturz.

Auch wenn der Produktionsprozess selbst gefährlich ist – beispielsweise weil mit schwerem Gerät oder hochgiftigen Chemikalien gearbeitet wird –, kann jeder Fehler, jede Änderung im Ablauf katastrophale Folgen haben. Diesmal für die Mitarbeiter.

»Da haben Sie aber Glück gehabt! Sie kennen doch unsere Sicherheitsrichtlinien? Die verbieten eigentlich, was Sie gemacht haben. Da hätte wer weiß was passieren können. Hier ein Exemplar der Richtlinien. Wenn es Ihnen nichts ausmacht, lesen Sie mir die bitte gleich mal laut vor!«

Ein gelassener Umgang mit Fehlern ist auch überall dort schwierig, wo Einzelteile produziert werden, die in wesentlich größeren und entsprechend teuren Systemen eine kleine, aber entscheidende Rolle spielen.

Stellen Sie sich ein Großunternehmen vor, das im Automotive-Bereich tätig ist. Pro Tag werden Millionen von Einzelteilen wie kleine Kipphebel hergestellt, die an alle wichtigen Autobauer geliefert werden – VW, Audi, Mercedes … Ist das Muster eines bestimmten Kipphebels fehlerhaft, so droht ein Kostendesaster, wenn ein halbes Jahr später serienweise ausgelieferte Autos zurückgerufen werden müssen. Deshalb bemüht man sich, die Fehlerquote auf ein Minimum zu reduzieren. Günstigenfalls hat nur noch jedes Millionste Einzelteil einen Fehler – und wird vor der Lieferung an den Autobauer aus dem Verkehr gezogen.

In all diesen Bereichen kostet die Fehlerminimierung extrem viel Zeit und Geld. Da fließen Milliarden hinein. Die Entwicklung der Software eines Space Shuttles teilt sich in etwa so auf: Zehn Prozent der Gesamtsumme fließen in die Codebase. Die restlichen 90 Prozent verschlingen die Testreihen. Doch selbst wenn es 99 Prozent wären: Eine Fehlerquote von null wird nie erreicht. Das ist bei derart komplexen Projekten und Systemen schlicht nicht möglich.

Ebenso wie der hundertprozentige Wirkungsgrad einer technischen Anlage oder Maschine nie erreicht werden kann, ist in der unternehmerischen Praxis absolute Fehlerfreiheit über einen längeren Zeitraum hinweg unmöglich. Durch sorgfältige Arbeit und mehrfache Kontrolle können Fehler reduziert werden. Ganz ausbleiben werden sie nie. Dafür steigen die Kosten zur Fehlervermeidung umso stärker, je mehr sich der Arbeitsprozess der Perfektion annähert. Diese Kosten bestehen nicht nur im Kontrollaufwand. Noch mehr ins Gewicht fällt, dass bei größtmöglicher Fehlervermeidung auch Kreativität und Eigenständigkeit der Mitarbeiter nahe null gedrückt werden.

Nun sind diese Zusammenhänge jedem erfahrenen Produktionsleiter wohl bewusst. Er ist darauf geschult, wie er vorgehen muss. Er kennt Prinzipien wie Lean Management und Methoden der Qualitätssicherung wie Six Sigma. Bei der Forderung »null Fehler« wird er wissen, was damit gemeint ist: eine Minimierung der Fehlerquote.

Außenstehende dagegen durchschauen nicht so leicht, was »null Fehler« eigentlich bedeutet. Selbst Vorstandsvorstände und mittelständische Unternehmer sitzen mitunter dem Irrtum auf, es dürfe wortwörtlich keine Fehler geben. Diese Denkweise ist vielfach stark verwurzelt.

Wenn dann ein solcher Vorgesetzter auf Mitarbeiter stößt, die die Übersetzung »null Fehler = so wenig Fehler wie möglich« nicht kennen, sind Konflikte vorprogrammiert. Ein Vertriebsmitarbeiter oder Softwareentwickler wird sich vor Lachen auf die Schenkel klopfen, wenn von ihm »null Fehler« verlangt wird. Weil er weiß, dass dieses Ziel schlicht nicht zu realisieren ist.

»Null Fehler, so ein Schwachsinn!«, sagt sich der Vertriebsmann. »Fehlerfreie Software – hä?«, denkt der Programmierer entgeistert. »Wann soll ich sie denn ausliefern, am Sankt-Nimmerleinstag?« Und irgendwann kommen sie beide auf den Trichter: »Na, wenn der Chef null Fehler will, dann soll er auch null Fehler kriegen!« Wo keine Fehler sein dürfen, da gibt es schließlich auch keine. Zumindest nicht offiziell. Das heißt: Natürlich passieren noch Fehler – aber der Chef erfährt nichts mehr davon. Aus Angst vor Rütteln und Bestrafungen gibt keiner es zu, wenn er einen Fehler gemacht hat.

Immer härter zementiert sich bei den Mitarbeitern der »innere Zensor«. Ideen werden gar nicht mehr zu Ende gedacht. Vorschläge unterschlägt man. Risiken werden vermieden. Die Mitarbeiter handeln praktisch nur noch nach dem Motto: Wer viel arbeitet, macht viele Fehler. Wer wenig arbeitet, macht wenig Fehler. Wer nicht arbeitet, macht gar keine Fehler. Der »innere Zensor« mutiert so zur inneren Kündigung.

Und der Chef bekommt eine Traumwelt serviert, in der scheinbar keine Fehler passieren. Er lebt und arbeitet in einer Blase – getrennt von seinen Mitarbeitern. Erst wenn er womöglich selbst mit dem Kunden spricht, der sich beschwert hat, platzt die Blase. Die Welt des Chefs fällt in sich zusammen wie ein Kartenhaus. Und im Unternehmen gibt es einen Riesenstunk.

Damit ist eine noch größere Gefahr verbunden: Irgendwann ist der Chef nicht nur isoliert in seiner Sicht auf die Dinge, sondern auch fast nur noch umgeben von Leuten, die ihm nicht so recht trauen. Wer spielt schon gern den ungeliebten Boten, der eine schlechte Nachricht zu überbringen hat – wenn die Gefahr besteht, geköpft zu werden?

Die Situation ist also völlig verfahren. Um sie aufzulösen, hilft ein kurzer Ausflug in die Antike. Schon Aristoteles sah einen Unterschied zwischen drei möglichen Arten von dem, was wir heute »Fehler« nennen.

Drei Arten von Fehlern: Unterscheidung nach Aristoteles

➤ **Unglück**: meint einen unvorhersehbaren schädlichen Zwischenfall. Wenn Sie beispielsweise in ein bestimmtes Produkt investiert haben und ein Vierteljahr später der Markt einbricht. Aber auch Dinge, die durch höhere Gewalt passieren: wenn etwa ein Erdbeben Ihre Produktion komplett zerstört.

➤ **Fehler**: bezeichnet eine vorhersehbare Wendung der Ereignisse. Allerdings ist sie nicht durch böse Absicht entstanden, sondern durch fehlendes Wissen, mangelnde Kompetenz oder schlichte Charakterschwäche. Wenn sich zum Beispiel ein junger, unerfahrener Produktionsleiter für eine Fertigungsart entscheidet, die ein »alter Hase« von vornherein als unbrauchbar verworfen hätte.

➤ **Schlechtes Tun**: meint das Resultat einer Handlung aus böser Absicht heraus. Einen bewussten Verstoß gegen die Regeln oder das Verletzen von zuvor bekannten Grenzen. Wenn in Ih-

---

> rem Unternehmen beispielsweise jemand Intrigen spinnt oder
> Geld- oder Sachwerte unterschlägt, um sich selbst zu berei-
> chern.

Die erste Art von Fehlern – das Unglück – können Sie nicht vermeiden. Der Umgang mit der dritten Art, dem schlechten Handeln, steht außer Frage: Kündigung und, falls nicht nur gegen Firmenregeln, sondern gegen Gesetze verstoßen wurde, eine Anzeige. Um diese beiden Fälle geht es in diesem Kapitel nicht. Hier geht es um den zweiten Fall: den versehentlichen Fehler. Innerhalb dieser Kategorie gibt es nochmals Unterschiede: Nicht alles, was nach einem Fehler aussieht, ist auch tatsächlich einer.

Stellen Sie sich einen Mitarbeiter vor, der am Fließband steht und Zutaten für Hamburger aufeinanderschichtet: Unterhälfte, Senf, Fleisch, Ketchup, Salatblatt, Oberhälfte. Das Ganze in eine Kunststoffbox und fertig.

Die Fehler, die hier passieren, sind vorhersehbar. Der Mitarbeiter vergisst das Salatblatt. Er verwechselt Ober- und Unterhälfte. Er zerreißt in der Eile das Styropor einer Box. Fehler ergeben sich hier aus klar nachweisbaren Abweichungen von einem Prozess, der im Vorfeld definiert ist. Bei dem kein Spielraum für Experimente bleibt. Bei dem es nicht darum geht, Flexibilität zu beweisen oder gar zu improvisieren. Der Weg ist klar: Solche Abweichungen sind echte Fehler, die, so weit es geht, vermieden werden müssen.

In der Entwicklungsabteilung eines größeren Unternehmens sieht das schon anders aus. Hier gibt es ein Ziel. Und viele verschiedene Wege dorthin – von denen der noch nicht beschrittene womöglich der bessere ist. Wenn eine Idee entwickelt wird, ist der Weg zum Ziel nicht vorhersehbar. Wenn eine neue Methode ausprobiert wird, ist noch nicht sicher einschätzbar, ob sie erfolgreich sein wird oder nicht.

Es kann durchaus sein, dass das Experiment schiefgeht. Oder dass es zwar einigermaßen funktioniert, aber weniger gut als die alte Methode. Das stellt sich erst im Nachhinein heraus. Als Chef mögen Sie kleine Rückschläge und große Abweichungen vom Weg für Fehler halten. In Wahrheit sind es aber gar keine, da sie nicht vorherzusehen sind. Es sind Versuche. Solche Versuche müssen Sie zulassen – sonst werden Ihre Mitarbeiter zu unkreativen Anweisungsbefolgern.

In diesem Missverständnis verbirgt sich also der Schlüssel zum Gesamtproblem: Experimente zulassen, Fehler vermeiden. Das gelingt Ihnen mit drei Schritten:

➤ Erstens: Von Ihren Mitarbeitern erwarten Sie, dass sie den besten Weg wählen. Damit der Weg nicht in eine Sackgasse führt oder Ihre Leute irgendwann in eine steinigere Parallelstraße abbiegen, kundschaften Sie mögliche Routen mit einem Testballon aus, bevor das ganze Unternehmen dort entlangmarschiert.

➤ Zweitens: Unterstützen Sie Ihre Leute dabei, vorrangig nicht Sie zufriedenzustellen, sondern den Kunden.

➤ Drittens: Etablieren Sie langfristig eine Fehlerkultur in Ihrem Unternehmen, die die Zusammenarbeit angenehmer und fruchtbarer macht.

1. Auf Umwegen: der Testballon

Alle Pros und Kontras abzuwägen, bevor man einen neuen Weg beschreitet, ist fast immer kontraproduktiv. Man verzettelt sich, bleibt in Diskussionen hängen, ist nicht bereit, eine womöglich suboptimale Lösung zu erzielen, und fängt letztlich gar nicht erst an. Schade – denn wer nichts Neues ausprobiert, wird nie wissen, ob sich hinter einer neuen Produktidee nicht vielleicht der Schnelldreher fürs Weihnachtsgeschäft verbirgt.

Ebenso wenig empfiehlt es sich allerdings, sich in jede neue Idee gleich mit vollem Schwung hineinzustürzen. Je mehr Sie investieren, desto mehr können Sie verlieren – nicht nur Zeit und Ressourcen, sondern auch Kunden und Ansehen.

Nehmen wir an, als Hersteller von Steuerungseinheiten für Elektromotoren hat Ihr Unternehmen ein neuartiges Verfahren zum Antrieb von Walzgerüsten entwickelt. Damit sind die Motoren doppelt so präzise anzusteuern wie zuvor. Das Ganze ist noch nicht vollauf getestet. Wenn Sie das Produkt trotzdem jetzt gleich launchen, weil Ihnen der Zeitpunkt günstig erscheint, so besteht die Gefahr, dass Sie im Falle eines kritischen Fehlers Stillstandskosten tragen müssen. Schlimmstenfalls entstehen weitere Schäden an den Anlagen der Kunden.

Daher empfiehlt es sich, in einem begrenzten Bereich einen Testballon zu starten. Und im Vorfeld damit zu rechnen, dass er, wenn es schiefgeht, brennend abstürzt. Der entscheidende Vorteil liegt auf der Hand: Das Risiko ist begrenzt, und die Chancen, dank engagierter Mitarbeiter einen großen Schritt zum Ziel voranzukommen, sind ungleich höher.

Also starten Sie einen Testballon. Sie launchen das Produkt noch nicht offiziell, sondern bieten einem einzigen Kunden an, das frisch entwickelte Verfahren als Erster testen zu dürfen. Sie erläutern ihm die Vorteile und nennen die vielleicht schon bekannten Probleme – dabei erklären Sie, dass Ihre Entwickler diese im nächsten halben Jahr noch ausbügeln werden. Zur Sicherheit sagen Sie zu, dass die alten Steuerungen wieder eingebaut werden, sollte wider Erwarten auf einmal gar nichts mehr gehen.

Nun malen Sie sich aus, was passiert, wenn der Ballon abstürzt. Was wird der Kunde sagen?

»Tja, da haben wir mal was Neues ausprobiert, aber es hat nicht geklappt. Schade, aber der Service hat gestimmt – die alten Regler waren innerhalb eines Tages wieder drin.«

Insgesamt vielleicht ein Misserfolg – aber allemal besser, als wenn Sie 100 Kunden beliefert hätten, und alle sagten: »Schrott!«

Eine ähnliche Vorgehensweise ist im Bereich der Lebensmitteltechnologie verbreitet. In dieser Branche erreichen die allerwenigsten Produkte, auch wenn sie schon vollständig bis hin zum Packungsaufdruck entwickelt sind, überhaupt den Markt. Häufig wird erst mal regional getestet. Vielleicht sind Sie schon einmal im Supermarkt Ihres Vertrauens an einem mobilen Stand mit Sonnenschirm angesprochen worden, ob Sie nicht die neue Limonadensorte verkosten wollen.

Dasselbe gilt für Kosmetika: Soll eine neu entwickelte Seife auf den Markt gebracht werden, liefert der Hersteller erst einmal an ein einziges Ladengeschäft aus, beispielsweise in Bielefeld. Dort wird das Produkt vier Wochen lang beworben und verkauft. Danach schaut sich der Vertrieb die Zahlen an und wertet sie aus: Wie viele Einheiten wurden verkauft, was hat die Werbung bewirkt, wie war die Rückmeldung der Kunden … Im Erfolgsfall finden Sie die Seife wenig später deutschlandweit in allen Drogerien wieder.

Tests dieser Art helfen Ihnen als Unternehmer, das Risiko zu minimieren. Falls Ihr Testballon abstürzt und das Projekt floppt, haben Sie immer noch die Möglichkeit, nachzujustieren. Verändern Sie die Parameter. Warten Sie auf günstigere Windverhältnisse. Und dann lassen Sie den Ballon erneut steigen.

So profitieren Sie auf Dauer von möglichen Fehlern, weil Sie dazulernen. Ärgern Sie sich nicht, wenn Sie beim ersten Versuch scheitern. Die Wahrscheinlichkeit ist hoch. Lassen Sie sich dadurch nicht von weiteren Versuchen abhalten. Jedes Mal werden Sie einige Dinge anders machen. Würden Sie keine Fehler machen, könnten Sie das nicht – das wäre ein Verlust!

Und: Indem Sie sich immer das Worst-Case-Szenario vor Augen führen, schrauben Sie Ihre eigenen Erwartungen nicht zu hoch und können das Risiko einkalkulieren. Ihre spätere Bewertung des Ganzen wird dadurch realistischer.

Ist das totale Desaster eingetreten? Oder haben Sie zwar keinen Erfolg gehabt, sind aber nicht schlechter als vorher dran? Die Betrachtungsweise liegt ganz bei Ihnen!

2. Kein Abweg: das Pareto-Prinzip

Fehler sind also wichtig für den Lerneffekt. Das betrifft sowohl den Chef eines Unternehmens als auch seine Mitarbeiter. Wer auf mutige Mitarbeiter mit eigenständiger Initiative Wert legt, der muss ihnen die Möglichkeit geben, Fehler zu machen. Mit einem Perfektionsanspruch, der einem Wirkungsgrad von 100 Prozent gleichkommt, wird dies nicht gelingen.

Wie aber legen Sie fest, wie »perfekt« eine Leistung zu sein hat? Die vielleicht auf Umwegen erreicht wird, aber doch jedenfalls brauchbar sein muss? Tatsache ist: Die wenigsten Dinge müssen wirklich perfekt sein. Im Falle eines produzierenden Betriebs kommt es in erster Linie darauf an, dass der betreffende Kunde zufrieden ist. Und hier genügt die sogenannte 80/20-Regel, auch Pareto-Prinzip genannt, häufig vollauf.

Das Pareto-Prinzip

Der italienische Ökonom und Soziologe Vilfredo Pareto (1848–1923) untersuchte gegen Ende des 19. Jahrhunderts, wie das Privatvermögen der italienischen Bevölkerung verteilt war. Er stellte fest, dass nahezu 80 Prozent des Gesamtvermögens in den Händen von nur etwa 20 Prozent der Bevölkerung lag.

Auf seine Folgerung, dass das Bankwesen sich deshalb auf diese 20 Prozent der Menschen fokussieren sollte, geht das Pareto-Prinzip zurück. Es beinhaltet die Feststellung, dass 80 Prozent der Resultate eines Projekts innerhalb von 20 Prozent der insgesamt dafür aufgewendeten Zeit erzielt werden. Umgekehrt fließen 80 Prozent der Zeit in nur 20 Prozent der Ergebnisse ein.

Selbst wenn sie Fehler machen, können Ihre Mitarbeiter demnach in einem bloßen Fünftel der Zeit theoretisch Ergebnisse abliefern, die den erwarteten Zielen zu vier Fünfteln gerecht werden. Statistisch gesehen werden die meisten Kunden sich damit zufriedengeben.

Und das ist für Sie als Chef schließlich in erster Linie relevant – dass Ihre Kunden zufrieden sind. Dann können Sie auf übertriebenen Perfektionismus locker verzichten. Wenn der Kunde eine 80-prozentige Lösung akzeptiert, dann ist diese Lösung ja bereits »perfekt«!

3. Vom Umweg zur Fehlerkultur

Nicht nur bei Projektergebnissen, auch auf der Ebene der alltäglichen Zusammenarbeit im Unternehmen sind Umwege mitunter hilfreich. Wenn Sie als Chef an der Etablierung einer Fehlerkultur interessiert sind, sollten Sie bei sich selbst damit anfangen.

Dazu bieten sich zwei Möglichkeiten:

➤ Geben Sie vor Ihren Leuten ruhig zu, dass Sie einen Fehler gemacht haben. Reden Sie nicht um den heißen Brei herum, zumal wenn sowieso allen Anwesenden klar ist, dass Sie die Sache selber verbockt haben.

➤ Wenn nötig, revidieren Sie im Nachhinein eine getroffene Entscheidung. Erklären Sie Ihren Mitarbeitern, warum ein Umschwenken nötig ist und inwiefern das ganze Unternehmen in der Folge besser dran ist.

Dadurch zeigen Sie: Auch der Chef ist vor Fehlern nicht gefeit. Er ist ein Mensch wie jeder andere. Und er ist bereit, aus seinen Fehlern zu lernen.

Nicht ungewöhnlich ist, dass Chefs befürchten, die Mitarbeiter würden ihnen solches Verhalten als Führungsschwäche auslegen. Wenn der

Chef montags, mittwochs und freitags »hü« sagt und dienstags, donnerstags und samstags »hott«, dann ist es kein Wunder, wenn schon eine Woche später niemand mehr seinem Kurs folgt. Genauso problematisch ist es, wenn er von einem Fehler in den nächsten stolpert und vor lauter Hadern mit sich selbst nicht mehr dazu kommt, sein Unternehmen zu führen.

Hier ist das rechte Maß entscheidend: Treffen Sie Ihre Entscheidungen so fundiert wie möglich, vermeiden Sie überflüssige Fehler und ständige Richtungsschwenks. Wenn Ihnen aber trotz aller Sorgfalt ein Fehler unterläuft, haben Sie keine Scheu, dies klar zu thematisieren. Dann wirken Sie nämlich als Vorbild. Ihre Mitarbeiter werden viel eher zu eigenen Fehlern stehen, diese zugeben und daraus auch etwas lernen.

Und wie reagieren Sie nun, wenn Ihren Mitarbeitern trotz Handelns nach bestem Wissen und Gewissen tatsächlich mal ein Fehler passiert?

Wichtig ist: Suchen Sie nicht nach einem Sündenbock. Wer an dem Problem die Schuld trägt, sollten Sie nicht vor versammelter Mannschaft ausknobeln – vor allem dann nicht, wenn Sie aufgrund der Situation womöglich ohnehin schon geladen sind. Ist etwas schiefgelaufen, sollte sich kein Mitarbeiter rechtfertigen müssen. Bedrängen Sie Ihre Leute nicht mit Fragen, ob sie diese oder jene Studie gelesen und sich abgesichert hätten. Das führt zu nichts.

Damit meine ich nicht, dass Sie über missglückte Versuche stillschweigend hinweggehen sollten. Damit würden Sie ja die Möglichkeit, daraus zu lernen, verschenken. Nur: Ihr Fokus sollte nicht auf der Schuldzuweisung, sondern auf der Lösungsfindung liegen. Die Ursachen, die zu dem Missgriff geführt haben, sollten Sie allerdings durchaus untersuchen – und dabei klarstellen, dass es nicht darum geht, einen oder mehrere Mitarbeiter dumm dastehen zu lassen, sondern darum, solche Situationen in Zukunft zu vermeiden. Deswegen diskutieren Sie die Frage nach den Ursachen nicht im öffentlichen Meeting, sondern im Vier-Augen-Gespräch mit dem Verantwortlichen.

»Warum haben Sie das diesmal so gemacht? … Verstehe. Tja, Sie wollten das Beste, und einen Versuch war's auf jeden Fall wert. Vielen Dank! Haben Sie eine Idee, wie wir's hinkriegen, dass dieser Fehler nicht erneut passiert?«

Anstatt abgestraft zu werden – was ohnehin nur bei vorsätzlichen Fehlern, dem aristotelischen »schlechten Tun«, angebracht ist – erhalten Ihre Mitarbeiter so nicht nur die Möglichkeit, vom Umweg wieder auf die Hauptstraße zurückzufinden, sondern Sie geben ihnen zusätzlich das Gefühl, verstanden und trotzdem hinsichtlich ihrer Leistung wertgeschätzt zu sein.

Turbo-Tipp: Bauchentscheidungen zulassen

Bei der Ursachenanalyse kann es vorkommen, dass Sie zu dem Schluss kommen: Der Mitarbeiter war ungenügend informiert, als er sich für seine Vorgehensweise entschieden hat. Er hat gewissermaßen eine Bauchentscheidung getroffen – und das war der Fehler.

Seien Sie hier vor sich selbst auf der Hut. Zahlen und Fakten sind gar nicht unbedingt die entscheidende Grundlage für gute Entscheidungen.

Denn zum einen stehen sowieso niemals wirklich alle Daten für eine Entscheidung zur Verfügung, und selbst wenn, so könnten diese kaum sämtlich und korrekt gewichtet in die Bewertung einfließen. Zum anderen basiert jede Entscheidung letztlich auf Intuition. Rationale Erwägungen können diese intuitive Entscheidung unterfüttern oder modifizieren, aber nie ersetzen.

Ja, rein intuitive Entscheidungen sind gar nicht unbedingt schlechter als solche aufgrund von Analyse und bewusstem Denken. Zum einen sind sie wesentlich schneller, zum anderen aber sind ihre Ergebnisse tatsächlich oft besser. In seinem Buch »Feel it! So viel Intuition verträgt Ihr Unternehmen« schildert Andreas Zeuch einen Versuch von G. Johnson und Markus Raab aus dem Jahr 2003. Dort wurden 85 erfahrenen Handballspielern kurze Szenen aus hochkarätigen Spielen gezeigt. Einmal sollten sie spontan den nächsten Spielzug entscheiden, einmal mit Gelegenheit zur genauen Analyse und 45 Sekunden Überlegungszeit. Am Ende der Versuchsreihe bewerteten Trainer der Profiliga Sinn und Qualität der genannten Spielzüge. Das Resultat war erstaunlich: Die raschen, intuitiven Nennungen waren den rationalen, auf mehr Informationen basierenden Urteilen weit überlegen!

Wichtig für Sie ist, dass die Befragten in diesem Versuch alle erfahrene Handballspieler waren. Entscheidender als Fakten ist also die Kompetenz der Mitarbeiter: Ein erfahrener Profi wird sich intuitiv richtiger entscheiden als ein Neuling im Besitz aller Daten der Welt. Falls eine solche Entscheidung nicht den gewünschten Erfolg hatte, liegt das also an anderen Ursachen, die herauszufinden wertvoller ist als sich auf Informationsmangel zu fokussieren. Vielleicht auch einfach an unglücklichen äußeren Umständen.

2. Die Quelle der Kreativität

Vom Bildschirm blinkt Ludger Urach, Chef der LU Marketing & Media GmbH, die Anzeige entgegen. Ein Taxifinder, eine Melodienerkennung, ein Schlafmonitor – drei attraktive kostenlose Apps werden hier beworben. Der Knackpunkt: Sie funktionieren nur auf den Smartphones, die von einem bestimmten Anbieter vertrieben werden. Eine geniale Marketing-Idee. Leider waren es nicht seine Leute, die sie hatten.

»Wenn wir nicht bald aus dem Winterschlaf aufwachen, gehen unsere Kunden zum Wettbewerb«, grummelt er vor sich hin. »Wir brauchen dringend neue Ideen! Und zwar gute – die letzten drei Kampagnen waren Flops.« Kurzerhand öffnet er den vernetzten Terminkalender und lädt alle Mitarbeiter für den nächsten Tag zum Kreativmeeting ein. Verpflichtend.

»So, Leute, willkommen zum Kreativmeeting«, begrüßt er am nächsten Tag sein Team. Er zückt einen Filzschreiber und rückt das Whiteboard zurecht. »Für die Kaffeemaschinen-Kampagne brauchen wir dringend echt innovative Ideen. Wie Sie wissen, können wir uns keinen weiteren Flop leisten, wollen wir nicht Anfang nächsten Jahres ohne Kunden dastehen. Also dachte ich mir, es könnte nicht schaden,

der Kreativität ein bisschen auf die Sprünge zu helfen. Legen Sie los!«
Schweigen. Frau Krell spielt mit ihrem Kuli. Herr Bludenz tippt auf seinem Smartphone herum.

»Gar nichts?«, fragt Urach nach einer Weile ungeduldig. »Sie sind in der Kreativbranche, Ihnen muss doch was einfallen! Herr Bräsigke, wie würden Sie vorgehen?«

Bräsigke rutscht auf seinem Stuhl hin und her. »Äh, äh, für die Promotion würden sich großflächige Plakate anbieten«, meint er schließlich. »Damit erreichen wir … « – »Und das nennen Sie innovativ, Herr Bräsigke?!«, fällt ihm Urach gereizt ins Wort. »Plakate, leben Sie hinterm Mond? Das Leben spielt sich heutzutage online ab! Andere Vorschläge?«

Die Mitarbeiter wechseln nervöse Blicke. Urach hat den Eindruck, dass sie sich in ihren Stühlen so weit wie möglich zurücklehnen. Aus der Schusslinie. Schließlich wirft er selbst die erste Idee in die Runde: »Wir können Testgeräte verlosen, unter der Bedingung, dass die Gewinner eine Bewertung bei Amazon und einen Kommentar bei facebook einstellen.«

Seine Mitarbeiter nicken. Aber der erhoffte Effekt, den Ball ins Rollen zu bringen, bleibt aus. Nach einer weiteren halben Stunde ist das Kreativmeeting beendet. Unzufrieden verlässt der Chef den Raum. »Diese Leute haben einfach keine Ideen, und wenn ich sie noch so anschiebe«, denkt er.

Wenn die Mitarbeiter nicht von sich aus kreativ sind, ist ein Chef versucht, zur Notlösung zu greifen: Er ordnet Kreativität quasi an. Mit einem Kreativmeeting oder einer Brainstorming-Runde. Das Ergebnis entspricht häufig überhaupt nicht seinen Vorstellungen. Was er im Kreativmeeting erwartet, ist, dass aus den Köpfen seiner Mitarbeiter ungewöhnliche, neue Ideen sprudeln. Und zwar viele davon. Was er stattdessen zu sehen und zu hören bekommt, sind ratlose Gesichter und allenfalls blasse Ideen.

Das liegt nicht daran, dass die Mitarbeiter unfähig wären, kreativ zu sein. Ich glaube, dass Kreativität potenziell in jedem Menschen steckt. Wer seine Kreativität im Unternehmen nicht einbringt, hat vielleicht verlernt, sie zu nutzen. Manche Mitarbeiter scheinen im Beruf ein Maß an Kreativität einzubringen, das tangential gegen null geht. Erkundigt man sich aber, was sie privat so machen, kommen oft erstaunlich kreative Hobbys zum Vorschein.

Das Problem liegt nicht in den Mitarbeitern, sondern in der Situation: Kreativität lässt sich nicht auf Knopfdruck erzeugen. Ideen entstehen nicht innerhalb von fünf Minuten auf Anfrage. Und schon gar nicht, wenn der Chef sie kategorisch verlangt.

Was in den Köpfen Ihrer Mitarbeiter durch die Anweisung »Seid doch mal kreativ!« hauptsächlich entsteht, ist Druck. Die Leute wissen: Der Chef erwartet Mut und Kreativität, will aber kein Risiko in Kauf nehmen. Eigentlich will er einen Wirkungsgrad von 100 Prozent, besser noch mehr. Das wird deutlich, wenn der Anspruch an die Qualität der geforderten Ideen hochgeschraubt wird: »Es darf kein Flop werden!«

Auf diese Mahnung eingeschossen, haben Ihre Leute nicht die Freiheit, kreativ zu sein. Sicherheit geht vor Wagemut, also hält man besser die Klappe. Schlimmstenfalls entwickelt sich aus ständiger Mahnung und wiederholter Ablehnung – »So 'n Quatsch, Müller!« – Angst. Dann wird alles andere ausgeblendet. Es geht nur noch um die existenziellen Fragen: Bin ich noch anerkannt? Ist mein guter Ruf unter den Kollegen dahin? Wird mir die Beförderung gestrichen? Krieg' ich keine Gehaltserhöhung bei so vielen »Fehlern«? Verliere ich womöglich meinen Job?

Angst ist ein Gefühl, das jeder kennt. Es wirkt wie Scheuklappen. Man ist unfähig, den Kopf zu heben und auf die Seite zu schauen. Der Helikopter steht am Boden. Der »innere Zensor« triumphiert. Im Extremfall bringt die Emotion jede Handlungsfähigkeit zum Erliegen. Angst lähmt. Man kann kaum mehr einen klaren Gedanken fassen.

Um dem Dilemma zu entgehen, legen Sie gedanklich einen Garten an. Der fruchtbarste Nährboden, auf dem neue Ideen entstehen und wachsen können, heißt Zeit. Sie können auch Muße sagen. Der Dünger, den Sie verwenden sollten, ist ein Granulat, das sich aus dem Austausch mit Kollegen zusammensetzt. Aus enger Vernetzung.

Sie kennen das aus eigener Erfahrung: Sobald Sie mit einem anderen Menschen über eine vage Idee sprechen, fallen Ihnen auf einmal lauter konkrete Details ein. Es motiviert und aktiviert die eigene Kreativität, wenn Sie mit jemandem über eine Problematik diskutieren. Wenn Sie Ideen im gegenseitigen Austausch freien Lauf lassen.

Natürlich wird nicht jede Idee, jede Überlegungsrichtung brauchbar sein. Manches wird verworfen. Das ist ein natürlicher Prozess. Der sich im Laufe der Menschheitsgeschichte durchaus bewährt hat.

Wie gute Ideen entstehen

Die wirklich großen Entdeckungen und Erfindungen der Menschheitsgeschichte sind selten über Nacht passiert. Auch wenn Sir Isaac Newton nachgesagt wird, dass er nur den fallenden Apfel im Garten von Woolsthorpe Manor sehen musste, um auf die Idee der Gravitationskraft zwischen den Himmelskörpern zu kommen – wahrscheinlicher ist, dass der geniale Naturforscher diese Anekdote selbst erfunden hat. Einstein arbeitete nach der Veröffentlichung seiner speziellen Relativitätstheorie über zehn Jahre lang an der Ausarbeitung der allgemeinen Relativitätstheorie. Beide Wissenschaftler tauschten sich regelmäßig mit Kollegen aus.

Tatsächlich gaben sich die wahren, großen Ideen der Vergangenheit immer erst durch Verknüpfung vieler einzelner Gedanken – manchmal über Jahre hinweg – als solche zu erkennen. Oft waren es bescheidene gedankliche Ausgangspunkte, die mit anderen in Berührung kamen. Erst daraus entwickelte sich etwas Tragfähiges. Ein Netz von Ideen begann sich zu knüpfen.

Dabei gab es auch Fehler. Einfälle, die verworfen werden mussten. Umwege. Schnapsideen. Aber letztlich kam etwas Großes dabei heraus.

Die Zeilen in dem Info-Kasten, den Sie gerade lesen, entstammen einem solchen Ideennetzwerk. Dessen Hauptknotenpunkt geht auf den amerikanischen Autor Steven Johnson zurück. Er hat ein Buch mit dem Titel »Where Good Ideas Come From« geschrieben, in dem er genau diese Zusammenhänge aufdeckt.

Wenn Sie bei der Führung Ihres Unternehmens berücksichtigen, dass große Ideen selten bis gar nicht in einer halben Stunde Brainstorming auftauchen – dann haben Sie viel gewonnen.

Nun lässt sich natürlich einwenden, dass Sie als Unternehmer keine Zeit haben, um monate- oder gar jahrelang auf Ideen zu warten. Schließlich haben Sie Termine einzuhalten, nicht zuletzt Ihren Lieferanten und Kunden gegenüber.

Korrekt! Sie sollen auch gar keine Zeit mit Warten vertrödeln. Berufen Sie ruhig gleich ein Kreativtreffen ein – und sorgen Sie dafür, dass Ihre Mitarbeiter sich dort in kleinen Gruppen austauschen können, erst mal ohne den Erfolgsdruck der Öffentlichkeit.

Wenn Ihren Mitarbeitern allerdings der Weg nicht klar ist und sie auch nach stundenlangem Überlegen nicht weiterkommen, dann muss es ihnen erlaubt sein, die Sache liegenzulassen. Manche Dinge müssen langsam reifen. Schon eine Nacht über ein Problem zu schlafen kann mitunter Wunder wirken. Nachdem das Gehirn im Traum unbewusst weitergearbeitet hat, ergibt sich am nächsten Morgen die Lösung womöglich wie von selbst.

Neben der nötigen Zeit ist aber auch das passende Umfeld für einen regen Austausch nötig, damit sich das Ideennetzwerk spinnen kann. Im operativen Tagesgeschäft ist dazu selten Gelegenheit. In meiner Zeit als selbstständiger Unternehmer stellte ich fest, dass der Austausch mit wachsender Größe des Betriebs allgemein schwieriger wurde. Rund 30 Entwickler, dazu Produktion und Vertrieb – die Abteilungen drifteten auseinander. Die Bitte der Geschäftsführung, untereinander zu kommunizieren, wurde zwar gehört und abgenickt, aber nicht konkret umgesetzt.

Also haben wir auf einen Trick zurückgegriffen: gemeinsame Veranstaltungen für alle Kollegen. Einmal planten wir eine mehrtägige Wanderung in den Alpen. Aus jeder Abteilung luden wir eine Handvoll Mitarbeiter dazu ein, sodass insgesamt eine Gruppe von knapp zwanzig Leuten zusammenkam. Dann wurden Fahrgemeinschaften organisiert. Unter einer Bedingung: Es durften nie nur Angehörige derselben Abteilung in einem Auto sitzen. Somit saßen Kollegen aus unterschiedlichen Abteilungen bunt gemischt in den Fahrzeugen. Auf dem Weg zum Wanderziel waren sie gezwungen, miteinander zu sprechen. Zehn Stunden lang. Und auch die Wanderung selbst wurde von den Leuten dazu genutzt, sich zu unterhalten.

Es wird Sie nicht überraschen, was im Nachhinein an Rückmeldungen einging: »War toll!« – »War wichtig, wir haben uns näher kennengelernt!« – »Jetzt versteh' ich besser, was die da im Vertrieb für Schwierigkeiten haben!« – »Jetzt weiß ich, warum die aus der Produktion 'ne ganz andere Sichtweise haben!«

Wir hatten es geschafft, unsere Mitarbeiter aktiv zum Austausch von Meinungen und Ideen, zum gemeinsamen Off-work-Brainstorming zu bewegen.

Das Beste: Dieser Ausflug blieb kein Einzelereignis, sondern stieß eine dauerhafte Intensivierung der Kommunikation an. Auch im Alltag. Einer aus dem Marketing ging mal schnell in der Entwicklung vorbei, um eine Frage zu stellen. Jemand vom Vertrieb rief in der Produktion an, um ein Detail abzuklären. Man kannte sich besser, auch wenn man während der Arbeit sonst kaum etwas miteinander zu tun hatte. Die versteinerten Abteilungssilos waren aufgebrochen. Hemmschwellen bei der Kontaktaufnahme untereinander abgebaut. Und all das, ohne irgendetwas forciert zu haben! Schließlich hatten wir kein festes Ziel mit der Veranstaltung verfolgt – sondern unseren Mitarbeitern bloß den Raum zur Kommunikation geboten. Egal, wo sie in der Firmenhierarchie standen.

Auch andere, größere Unternehmen kennen Tricks dieser Art. Sie erlauben ihren Mitarbeitern ganz bewusst, auf ungewöhnliche Weise neue Projekte zu entwickeln.

> **20-Prozent-Projekte**
>
> Ein Unternehmen, das seinen Mitarbeitern Raum für ungewöhnliche Projekte gibt, ist Google. An einem Tag der Woche hat man dort die Freiheit, sich mit Dingen zu beschäftigen, die einen persönlich interessieren. Das müssen nicht zwingend Google-bezogene Projekte sein. Software-Ingenieure können so an eigenen Ideen werkeln. Egal was dabei herauskommt – das Motto ist: »Wenn du einen verrückten Einfall hast, probier' ihn aus!«
>
> Über interne Online-Medien werden die Ideen direkt und live mit Kollegen aus der ganzen Welt getauscht, besprochen, weiterentwickelt. Wenn man will, stellt man sich damit irgendwann seinem Manager oder gleich der Vizepräsidentin für Google-Produkte, Marissa Mayer, vor.
>
> So manch ein 20-Prozent-Projekt hat es schon zu großem Erfolg gebracht. Ein Bekanntes davon heißt Google News.

Was die großen Konzerne tun, davon dürfen sich kleinere bis mittlere Unternehmen gerne inspirieren lassen. Im Einzelnen mag die jeweilige Strategie andere Facetten haben. Wie bei uns damals die sozialen Events.

Die Kultur, der Garten, wo neue Ideen heranwachsen, beginnt jedoch schon im Kleinen. Selbst die tägliche, ganz private Begegnung am Kaffeeautomaten mag die Keimzelle sein für eine spätere Innovation. Engagierte, intrinsisch motivierte Mitarbeiter kommen dabei von sich aus auf den Job zu sprechen. Und selbst wenn es um die Familie, den letzten Urlaub oder das neue Auto geht: Vergessen Sie nicht, dass Ihre Leute auch mal entspannen müssen. Eine Stunde Pause und damit Abstand vom aktuellen Projekt muss erlaubt sein.

Halten Sie sich deshalb als Chef vor Augen: Es ist nichts dagegen einzuwenden, wenn Ihre Leute zusammensitzen und Kaffee trinken. Man sagt, dass Koffein beflügelt. Seien Sie geduldig, wenn auch mit diesen Methoden Ihre Mitarbeiter nicht sofort vor Ideen übersprudeln. Einmal verlernte Kreativität kann man nicht von jetzt auf gleich wieder einschalten wie eine Lampe. Wenn sich jemand über Jahre hinweg daran gewöhnt hat, dass es nicht aufs Mitdenken ankommt, dann braucht es wieder eine gewisse Zeit, bis er sich umstellt. Diese Gefahr besteht besonders bei ehemals autoritär geführten Unternehmen: Selbst wenn Sie es erkennen und Ihre Leute zu coachen versuchen, werden sie anfangs allzu oft in ihre alten Denk- und Handlungsmuster zurückfallen. Wenn die Leute mit der Zeit merken, dass ihre Ideen positiv aufgenommen werden und sie auch für Flops nicht gleich heruntergeputzt werden, werden sie sich immer mehr trauen. Und eine Kreativität und Lösungsfindungskompetenz entwickeln, die Sie sich nicht hätten träumen lassen.

Kurz und bündig

➤ Würgen Sie Ideen und Vorschläge Ihrer Mitarbeiter nicht ab. Vermeiden Sie, dass Ihre Leute dem »inneren Zensor« verfallen, indem Sie ihnen Raum geben.

➤ Null Fehler gibt es nicht. Verlangen Sie von sich und Ihren Mitarbeitern keinen überhöhten Wirkungsgrad.

➤ Machen Sie sich klar, dass Fehler per se nichts Schlechtes sind. Denken Sie bei der Bewertung an Aristoteles: Seien Sie sich bewusst, dass die meisten Misserfolge nicht vorhersehbar sind. Erlauben Sie Ihren Mitarbeitern, aus den eigenen Fehlern zu lernen.

➤ Thematisieren Sie eigene Fehler. Stehen Sie dazu. Zeigen Sie, dass Sie Ihre Meinung ändern können. Verantwortungsbewusst eingesetzt, wird man Ihnen dieses Verhalten sogar als Führungsstärke auslegen.

➤ Machen Sie Umwege. Starten Sie einen Testballon, wenn es darum geht, ein neues Produkt auf den Markt zu bringen. Malen Sie sich aus, was im schlimmsten Fall passieren kann, und kalkulieren Sie das Risiko ein.

➤ Hüten Sie sich vor Perfektionismus, und beherzigen Sie stattdessen das Pareto-Prinzip. Wenn Ihr Kunde mit 80 Prozent zufrieden ist, ist das »perfekt« genug.

➤ Lassen Sie erfahrenen Mitarbeitern ihre Intuition. Oftmals ergeben sich so die besseren Lösungsalternativen.

➤ Verzichten Sie darauf, Kreativität »anzuordnen«, sondern vertrauen Sie stattdessen auf das kreative Potenzial, das Ihre Mitarbeiter als Menschen mitbringen.

➤ Legen Sie einen Garten an. Der Nährboden heißt Zeit und Muße. Der Dünger ist die Vernetzung, der Austausch Ihrer Mitarbeiter. Was langfristig darauf wächst, ist blühende, ideenreiche Kreativität.

Kapitel 8
Wenn die Hütte brennt, kann ich doch nicht gelassen sein!

Wie Sie in schwierigen Situationen mit Angst und Wut umgehen

Getriebe: Anordnung von Maschinenelementen, die dazu dient, Bewegungen, Energie und/oder Kräfte zu übertragen und umzuwandeln. Gewandelt werden können Kraft, Drehzahl, Drehrichtung oder Drehmoment. Mechanische Getriebe bestehen unter anderem aus Wellen, Zahnrädern und Wälzlagern. Ein Getriebe kann nur dann die Kraft beziehungsweise Bewegung optimal übertragen, wenn seine einzelnen Bauteile möglichst reibungsarm ineinandergreifen. Reibung führt dazu, dass die übertragene Energie statt in Bewegung in Wärme oder in die Deformation der Bauteile umgesetzt wird, was letztendlich zur Zerstörung des Getriebes führen kann.

K. O. geschlagen durch Angst und Wut

Im Chefbüro des Bauunternehmers Gregor Rodenberg. Angespannt sichtet der Geschäftsführer die letzte Bilanz. Die Branche boomt. Nur sein Unternehmen scheint wie vom Pech verfolgt zu sein. Die Auftragslage ist mau. Kürzlich hat die Bank die Überziehungskredite halbiert. Und der beste Bauleiter des Betriebs liegt seit einem Arbeitsunfall vorletzte Woche im Krankenhaus.

Zum Glück gibt es Hoffnung: Für ein Großprojekt im Bereich Forschung und Lehre wurde auch ein Angebot der Firma Rodenberg eingeholt. Bis zum Bescheid kann es sich nur noch um wenige Tage handeln. Mit diesem Auftrag wäre das Unternehmen so gut wie saniert! Es klopft. Sascha Jahn von der Kundenbetreuung betritt das Büro.

»Herr Rodenberg, gerade hat das Planungsbüro der Campus-Erweiterung Nordwest angerufen«, meldet er. »Endlich!«, meint der Chef. »Spannen Sie mich nicht auf die Folter – wie lautet die Entscheidung?« – »Die haben den Auftrag anderweitig vergeben«, sagt Jahn bedauernd.

Sekundenlang starrt Gregor Rodenberg ihn an. Dann lehnt er sich mit einem tiefen Atemzug zurück und faltet die Hände vor dem Kinn. »Das war's dann«, murmelt der Chef. »Ohne diesen Auftrag ist alles aus. Ich kann den Laden dichtmachen. Von der Bank kommt kein Geld mehr. Wir sind bankrott!«

Auf dem Rückweg in sein eigenes Büro zückt Sascha Jahn sein Handy. Nach dreimaligem Klingeln meldet sich seine Frau. »Du, wir haben den Auftrag nicht gekriegt«, erzählt ihr Jahn. »Und der Rodenberg wirkt wie der Kapitän der Titanic, ernsthaft jetzt. So hab ich den noch nie erlebt. Schlechtes Zeichen. Ich schau mich wohl besser rasch nach 'nem neuen Job um. Bringst du mir vom Kiosk die Zeitung von heute mit? Nee, nicht unser Käseblatt. Irgendwas Überregionales. Mit bundesweiten Stellenanzeigen drin!«

Wenn im unternehmerischen Alltag etwas dramatisch schiefläuft, fühlt sich das für den Chef wie ein Schlag in die Magengrube an. Das können manchmal recht banale Probleme sein, die unvorhergesehen auftreten. Der Computer stürzt ab, nachdem man zwei Stunden Arbeit in ein Angebot gesteckt hat. Natürlich war das Dokument nicht abgespeichert. Oder das Telefon streikt auf einmal. Das heikle Gespräch mit einem schwierigen Kunden wird mitten im Satz unterbrochen. Dabei hatte der Chef gerade erklärt, dass und warum in seinem Unternehmen zuverlässige, stabile Kommunikation ganz oben auf der Prioritätenliste steht.

Noch härter schlagen regelrechte Hiobsbotschaften ein. Rückmeldungen, die die Zukunft des Unternehmens verdüstern: Die Bank dreht den Geldhahn zu, indem sie einen Kredit streicht. Der gewonnene Investor, auf den die Finanzplanung dringend angewiesen ist, macht einen Rückzieher. Ein Großkunde, dessen Aufträge das Unternehmen braucht, um profitabel zu sein, springt ab. Kundenzahlungen bleiben aus, es drohen massive Cashflow-Probleme. Der Entwicklungsleiter meldet, dass ein bereits ausgeliefertes elektronisches Produkt aufgrund eines Sicherheitsfehlers zurückgerufen werden muss. In der Produktion ist ein Mitarbeiter zu Schaden oder gar zu Tode gekommen. Das ist schon an sich schrecklich genug. Dazu drohen noch finanzielle und rechtliche Konsequenzen.

Solch einschneidende Ereignisse sind wie eine Krebsdiagnose. Der Patient denkt als Erstes, dass nichts mehr zu machen ist. Er wird sterben. Ein Gefühl von Ohnmacht und Ausweglosigkeit stellt sich ein: Das absolut Schlimmste steht bevor, und man kann nichts dagegen tun.

Angesichts einer Krise ist Angst eine verständliche Reaktion. Aber nicht unbedingt eine hilfreiche. Im Gegenteil: Sie führt dazu, dass man die schlimmstmöglichen Folgen als sicher annimmt. Auch im Falle des Unternehmers. Seine Gedanken drehen sich im Kreis: Die Zukunft der Firma steht auf dem Spiel. Arbeitsplätze der Mitarbeiter sind gefährdet. Nicht zu vergessen, dass der Chef um die eigene Existenz bangt. Was er sich aufgebaut hat, droht in sich zusammenzustürzen und ihn selbst unter sich zu begraben. Nicht zuletzt geht es um seinen guten Ruf. Wer sich nachsagen lassen muss, einen Betrieb an die Wand gefahren zu haben, gilt womöglich als unfähig. Er ist wertlos. Ein Versager! Egal, wie realistisch diese Szenarien sind: Im ersten Moment füllen sie die Gedanken komplett aus.

In solchen Situationen verlässt einen schlagartig der Mut. Man gerät in eine Art Tunnel. Sieht man überhaupt ein Licht am Ende, so glaubt man höchstens an einen entgegenkommenden Zug. Schockstarre tritt ein: Der Spürsinn für eine Lösung wird in Stresshormonen ertränkt. Die wenigsten

Menschen bewahren im Angesicht der Krise, wenn sie mit dem Rücken zur Wand stehen, einen klaren Kopf. Die Instinkte schreien, dass es nur zwei mögliche Reaktionen gibt: Angriff oder Flucht. Das Großhirn, das über andere Optionen nachdenken könnte, wird vorübergehend ausgeschaltet.

Um wieder klar denken zu können, brauchen die allermeisten Menschen erst mal eins: Zeit. Die lassen sie sich aber nicht. Sondern sie lassen im ersten Schock ihren Befürchtungen freien Lauf: »Jetzt kann ich einpacken. Meine Firma ist am Ende. Ich hab' kein Geld mehr. Ich muss alle Mitarbeiter entlassen!«

Manche Menschen geraten auch direkt in Wut. Und geben denjenigen, die das Pech haben, zufällig dabeizustehen, die Schuld. »Da haben Sie's, Müller! Ich hab' ja immer gesagt, wir müssen unsere Vertriebswege verbessern. Sie hätten viel früher reagieren müssen, aber nein. Jetzt haben Sie einen Riesenmist gebaut!«

Der Chef mag von Natur aus ein Choleriker sein. Meistens steckt hinter der Wut jedoch Angst. Gerade Männer neigen aufgrund ihrer Erziehung und gängiger Rollenmuster dazu, Angst möglichst nicht zu zeigen. Um sie zu kaschieren, wird das Gefühl unbewusst umgeformt und kanalisiert. Wut ist eine Form davon. Es gibt auch Leute, die stattdessen sarkastische Töne anschlagen oder in geradezu manischen Optimismus verfallen.

Eine heftige Reaktion auf Unternehmenskatastrophen ist verständlich. Wenn ein Unternehmen scheitert, wirft das seinen Inhaber mit aus der Bahn – emotional und finanziell. Besser dran sind angestellte Geschäftsführer, die zwar ihren Job verlieren können, aber nicht ihr Privatvermögen. Ob die Angst vor dem Scheitern dadurch weniger wird? Ein bisschen vielleicht, doch unangenehm genug bleibt eine unternehmensbedrohende Situation allemal.

Umso wichtiger ist es, dass der Geschäftsführer oder Unternehmer sich seine Handlungsfähigkeit bewahrt – trotz aller Angst. Das jedenfalls ist die Erfahrung, die ich selbst als junger Start-up-Unternehmer machte.

Direkt nach der Promotion gründete ich im Jahr 1995 zusammen mit einem Kollegen ein Hightech-Unternehmen im Bereich Condition-Monitoring. Wir hatten eine spezielle Sensortechnologie zur Überprüfung von Wälzlagern entwickelt und uns patentieren lassen. Nach zwei Jahren fand sich ein Venture-Kapitalgeber, der bereit war, eine Million D-Mark in unser Unternehmen zu investieren. Einzige Bedingung: Mein Kollege und ich sollten jeweils mit 200 000 D-Mark haften.

Also ging ich zu meiner Hausbank und bat um einen entsprechenden Kredit. Ich unterschrieb, dass ich persönlich für 250 000 D-Mark bürge – ohne dass ich Sicherheiten wie etwa eine Villa am Stadtrand gehabt hätte. Wir gingen einfach davon aus, dass das Unternehmen gut laufen würde.

Weitere fünf Jahre später waren wir auf einen Betrieb mit 20 Mitarbeitern angewachsen. In der Entwicklung tat sich viel. Das einzige Problem war die Auftragslage. Es kamen nicht schnell genug neue Aufträge herein. Der Cashflow kam ins Stocken. Der Investor dachte nicht daran, erneut Geld bereitzustellen. Und auf einmal wurde die Finanzlage unangenehm knapp.

Ich erlebte viele schlaflose Nächte. Über ein halbes Jahr lang. Das ging an die Substanz. Mein Geschäftspartner ging auf andere Weise mit der Situation um – er war die Ruhe selbst. Über seine Gelassenheit war ich heilfroh. Sie übertrug sich ein Stück weit auf mich, sodass wir konkrete Rettungsmaßnahmen besprechen konnten. Am Ende lief alles gut – es gelang uns, das Unternehmen zu verkaufen, die Schulden wurden übernommen, und wir verdienten sogar noch Geld damit.

Es ist also wichtig, dass Sie sich nicht vom Schock überwältigen lassen. Selbst handlungsfähig zu bleiben, ist dabei das eine Ziel. Das andere ist, dass auch Ihre Mitarbeiter weiter zu sinnvollen Handlungen fähig sind. Denn wenn Sie sich von Angst und Wut bestimmen lassen, beeinflussen Sie damit auch das Verhalten Ihrer Mitarbeiter.

Wut macht unfair gegenüber denjenigen, die entweder nichts für den Schlamassel können oder sogar – wenn auch oftmals unbeholfen – helfen wollen. Wer angebrüllt wird, ist erst einmal eingeschüchtert, kurz darauf verärgert, später verliert er vielleicht sogar das Vertrauen. Das zwischenmenschliche Verhältnis bekommt einen Riss.

Zeigt der Chef dagegen vor allem Angst, ist das fast noch gefährlicher. Indem er die dramatischen Folgen, die ihm in der Krisensituation durch den Kopf schießen, ausspricht, infiziert er seine Mitarbeiter mit derselben Angst. Seine Leute haben das Gefühl, dass er die Lage nicht mehr unter Kontrolle hat – besonders, wenn sie von ihm gewohnt sind, dass er als Chef Probleme gelassen angeht und stets um eine Lösung bemüht ist. Stattdessen starrt er jetzt nur in den Abgrund. Als Mitarbeiter gerät man da schnell in die Versuchung, seine »Haut« zu retten, anstatt sich noch groß für das Unternehmen einzusetzen. Schlimmstenfalls macht man nur noch Dienst nach Vorschrift und sieht sich heimlich nach einer sichereren Stelle um.

So leiden durch die Reaktion des Chefs kurz- und mittelfristig die Stimmung und das Miteinander im ganzen Unternehmen. Das verschärft die ohnehin angespannte Situation zusätzlich.

Aus Sicht eines Ingenieurs lassen sich Wut und Angst in einem Unternehmen mit Sand im Getriebe vergleichen. Sand, Schmutz oder verunreinigter Schmierstoff bewirken Energieverluste durch Reibung und raschen Verschleiß. Ebenso verhindern belastende Emotionen wie Angst und Wut einen reibungslosen Ablauf im Geschäftsumfeld. Das alltägliche Miteinander wird gestört, und das Betriebsklima leidet. Jedem Einzelnen fällt es zunehmend schwer, seine Funktion zu erfüllen.

Was aber tun in einer Krise? Sich Wut oder Angst gar nicht anmerken zu lassen, ist fast menschenunmöglich. Und auch nicht nötig. Im Gegenteil: Es wäre kontraproduktiv. Wenn Sie selbst angesichts drohender Insolvenz noch so tun, als wären Sie völlig unbesorgt und heiter, dann werden Ihre Mitarbeiter denken, Sie nähmen die schlechte Nachricht auf die leichte Schulter. Ihre Mitarbeiter erwarten nicht von Ihnen, dass Sie den Strahlemann markieren. Sie erwarten, dass Sie die Probleme ernst nehmen, aber sich nicht davon unterkriegen lassen. Und vor allem: dass Sie eine Lösung entwickeln.

Um das Vertrauen Ihrer Mitarbeiter auch in Krisensituationen zu erhalten und vor allem das Betriebsklima nicht schlagartig in einen antarktischen Eissturm zu verwandeln, sollten Sie daher als Chef nach außen hin ruhig bleiben. Als Respektsperson müssen Sie ausstrahlen, dass Sie die Sache im Griff haben. Dass Sie Wege aus dem Dilemma suchen und finden werden. Dass Sie Ihre Leute nicht im Stich lassen.

Aber wie machen Sie das? In vier Schritten. Als Erstes suchen Sie einen Ausgang aus dem emotionalen Tunnel. Dann weisen Sie dem heimtückischen Gefühl des Scheiterns seinen Platz auf dem Abstellgleis zu. Als Nächstes übernehmen Sie die Rolle, die ihnen zukommt: der Fels in der Brandung zu sein, der zuverlässig und entschlossen handelt. Und zuletzt fragen Sie sich, was Sie aus dem ganzen Fiasko lernen können. Korrektur: Sie fragen sich, wann Sie es lernen können. Und erst wenn dieser Zeitpunkt gekommen ist, lernen Sie wirklich, indem Sie die erlebte Niederlage in einen neuen Kontext stellen.

1. Raus aus dem Tunnel

Damit Sie Ihr Unternehmen in einer Krisensituation nicht mit dem Virus der Angst infizieren, bringen Sie sich emotional erst einmal in einen ausgeglichenen Zustand, bevor Sie mit Ihren Leuten kommunizieren. Einen Zustand, in dem Sie wieder klar denken können. Einen Zustand, der es Ihnen erlaubt, die Lage nüchtern und sachlich zu betrachten – und Lösungen zu entwickeln.

Das heißt nicht, dass Sie Ihre Gefühle verdrängen sollen! Im Gegenteil. Wenn man Ihnen eine katastrophale Nachricht überbracht hat, ziehen Sie sich erst einmal für ein paar Minuten zurück. Oder auch mehr. Suchen Sie ein stilles Kämmerlein auf, in dem Sie ganz allein sind. Und dann lassen Sie Ihren Gefühlen freien Lauf. Ich habe einmal vor Wut eine Computertastatur zertrümmert, als es wirklich dicke kam. Das müssen Sie vielleicht nicht. Aber fluchen Sie ruhig laut oder hauen Sie mit der Faust auf den Schreibtisch. Wichtig ist nur, dass Sie dabei nicht von Ihren Mitarbeitern beobachtet oder gehört werden können.

Nutzen Sie den Moment des Alleinseins, um sich der Lage völlig gewahr zu werden. Lassen Sie die Gefühle zu, die Sie überkommen. Geben Sie ihnen Namen: Ist da Wut? Ist da Angst? Können Sie benennen, was Sie umtreibt? Das wird Ihnen helfen, sich erst einmal zu »fangen«. Wenn Ihnen bewusst ist, dass Sie Angst empfinden: Lassen Sie sich nicht davon lähmen. Fangen Sie jetzt keinesfalls an zu grübeln.

»Wäre unser geflopptes Produkt vor zwei Jahren nur eingeschlagen wie eine Bombe! ... Hätte ich mich bloß gleich anderweitig spezialisiert! ... Warum musste der Investor abspringen? ... Hätte es in einer anderen Sparte eine größere Nachfrage gegeben? ... Hätten wir uns anders aufstellen müssen?« Solche Spekulationen bringen Sie in der Krisensituation nicht weiter. Das deprimiert Sie nur noch mehr.

Genauso wenig bringt es, in dieser Situation nach dem Schuldigen zu suchen: Mitarbeiter Meier? Der Wettbewerber mit seinen fiesen Methoden? Der wankelmütige Kunde? Die Bank mit ihren unverständlichen Entscheidungen? Auf all diese Leute zu schimpfen, bringt Sie keinen Schritt weiter. Im Gegenteil. Mit solchen Schuldzuweisungen geben Sie nur die Kontrolle aus der Hand.

Das Einzige, was Sie weiterbringt, ist, eine aktive Position einzunehmen. Wechseln Sie von der Schocklähmung und den aus Angst und Wut gespeisten Reaktionen ins überlegte, geplante Handeln!

Wie aber überwinden Sie Ihre Furcht? Die wirksamste Methode ist: Indem Sie sich ausmalen, was im schlimmsten Fall passieren kann. In den düstersten Farben. Das klingt erst einmal widersinnig. Auf den ersten

Blick könnte so ein Schreckensszenario erst recht die Angst steigern. Aber in Wirklichkeit hilft es, realistisch über die schlimmstmöglichen Folgen der gegenwärtigen Situation nachzudenken – dann merken Sie nämlich auch, was alles nicht passieren kann.

»Mein Unternehmen ist pleite! Ich muss Insolvenz anmelden!« So schlimm sich ein Gedanke wie dieser auch anfühlt – er bringt die Erkenntnis: Auch wenn man Konkurs anmeldet, geht das Leben weiter. Weder Sie noch Ihre Mitarbeiter sterben, wenn das Unternehmen scheitert. Und vielleicht wird das Unternehmen sogar weiterbestehen. Zum Beispiel, weil der Insolvenzverwalter einen Käufer findet.

So kann aus dem Gefühl der Verzweiflung, Ohnmacht und Ausweglosigkeit unerwartet wieder Handlungsspielraum entstehen. Und Handlungsspielraum bedeutet mehrere Optionen. Optionen gibt es immer, selbst wenn es hart auf hart kommt. Auch im Fall einer »Pleite«. Selbst dann entscheiden immer noch Sie als Unternehmer, wie Sie das Problem lösen. Welche Möglichkeiten Ihnen bleiben, und welchen Weg Sie einschlagen wollen. Erst wenn Sie selbst Optionen sehen, sollten Sie mit Ihren Mitarbeitern sprechen.

Der Knackpunkt ist nämlich: In Krisensituationen packt die Existenzangst auch Ihre Mitarbeiter. Selbst wenn Sie nicht als bibberndes Wrack durchs Unternehmen laufen – dass es nicht zum Besten steht, werden Ihre Mitarbeiter allemal mitbekommen. Und sich ihre Gedanken darüber machen. Deshalb ist es wichtig, dass Sie als Chef Ihren Leuten signalisieren, dass sie auf Sie zählen können. Das erreichen Sie, indem Sie die Optionen, die Sie sich im stillen Kämmerlein überlegt haben, offen kommunizieren.

Als es in meinem Start-up-Unternehmen zu ernsten finanziellen Problemen kam, haben mein Kollege und ich es uns nicht nehmen lassen, unseren Mitarbeitern genau zu erklären, was Sache war. Wir zeigten den aktuellen Stand des Unternehmens auf.

»Das Geld ist knapp. Jetzt ist auch noch ein vielversprechender Auftrag anderweitig vergeben worden. Also haben wir ein Problem. Wir haben noch Cash für etwa zwei Wochen. Wenn sich bis dahin nichts tut, sind wir insolvent. Folgende Möglichkeiten sehen wir, die Insolvenz zu vermeiden: Wir können noch mit Investor A und Investor B sprechen. B hatte schon vor einigen Monaten Interesse an unserer Technologie bekundet.

Wenn sich die Insolvenz nicht vermeiden lässt, passiert Folgendes: Ein Insolvenzverwalter wird eingesetzt. Sie als Mitarbeiter werden Ihre Arbeit erst einmal behalten. Es wird Insolvenzgeld bezahlt. Frühestens zum Termin XY wird endgültig entschieden, wie es weitergeht.

Tja, Leute, das sind die Möglichkeiten, die uns im Moment bleiben. Wir arbeiten mit Hochdruck daran, sicherzustellen, dass es irgendwie weitergeht. Danke für Ihre Geduld.«

Damit zeigten wir den Mitarbeitern, dass wir nicht kopflos an die Sache herangehen würden, und dass die Situation nicht hoffnungslos war. Durch ein solches Signal wird es auch Ihren Mitarbeitern leichter fallen, mit den eigenen Ängsten umzugehen. Es wird klar: Sie als Chef haben die Bedürfnisse Ihrer Leute im Blick und sind aktiv darum bemüht, alle Möglichkeiten auszuloten.

Turbo-Tipp: Extern beraten lassen

Dem einen fällt es leichter, dem emotionalen Tunnel zu entkommen, dem anderen schwerer. Wenn Sie als Chef merken, dass es Ihnen nicht gelingt, sich selbst aus dem dunklen Loch zu ziehen, dann holen Sie sich Hilfe von außen. Suchen Sie das Gespräch mit einer Vertrauensperson. Das kann Ihr Steuerberater sein. Oder ein guter Freund. Ein Bekannter, der ebenfalls Unternehmer ist. Ein professioneller Berater. Überlegen Sie, wer Ihnen am besten helfen kann.

Das wird Ihnen helfen, freier zu denken. Und sich nicht von Emotionen lähmen zu lassen. Ihr Gegenüber sollte emotional unbeteiligt sein und die Lage ganz nüchtern spiegeln. Er oder sie sollte hart zu Ihnen sein können: »Du, mit diesen Überlegungen bewegst du dich schon wieder in der Vergangenheit. Das hilft dir jetzt nicht!« Wichtig ist dabei, dass Sie keine Zeit verlieren. Agieren Sie schnell. Spätestens sobald Sie merken, Sie stecken wieder im Tunnel!

Und passen Sie höllisch auf, wem Sie sich anvertrauen. Ein Bankberater wäre in einer Krisensituation denkbar ungeeignet. Ihre Bank hat kein freundschaftliches Verhältnis zu Ihnen – sondern beinharte Eigeninteressen. Sie dagegen sind in der Defensive. In einer Position absoluter Schwäche. Es ist daher wichtig, dass Sie jemand Geeigneten finden, der diese Position nicht ausnutzt, sondern Ihnen ehrlich und aufrichtig helfen will.

2. Scheitern und Gescheiterter – ein Unterschied!

»Ich bin pleite!« Das klingt in den eigenen Ohren meistens genauso endgültig wie: »Ich bin tot.«

Aber das stimmt nicht! Im schlimmsten Fall meldet man Konkurs an. Vielleicht findet sich auch ein Investor. Selbst wenn nicht – selbst wenn der »Makel« droht, ein Unternehmen an die Wand gefahren zu haben, sollte man sich vor Augen halten, dass man nie der Erste ist. Andere haben vorher dasselbe erlebt, dieselben Fehler begangen, dasselbe Scheitern erlitten. Und doch ist oftmals aus den Trümmern der alten Existenz wieder etwas Neues entstanden. Unzählige Male.

Bei wichtigen Entscheidungen kommt mir immer der Leitspruch meines Schwiegervaters in den Sinn: »Alles Große und Entscheidende im Leben ist ein Wagnis.«

Wer etwas Großes wagt, nimmt immer auch ein Risiko auf sich. Wer ein Unternehmen gründet, muss zu einer bestimmten Wahrscheinlichkeit damit rechnen, dass es sich eben nicht rechnet. Dass es sich am Markt nicht behauptet. Dass Aufträge ausbleiben, Produkte floppen, hervorragende Mitarbeiter verunglücken oder abwandern. Mit einem Wort: Dass irgendetwas so dramatisch schiefläuft, dass das Unternehmen in der Folge untergeht.

Eines habe ich in meiner Zeit als Unternehmer gelernt: Jedes Wagnis, das sich später auszahlt, trägt von Natur aus und von Anfang an das Risiko in sich, dass es misslingt. Daher ist es praktisch unvermeidlich, irgendwann im Leben einmal auf irgendeine Art und Weise zu scheitern.

Sogar vom Erfolg verwöhnte Menschen sind nicht etwa deshalb so erfolgreich, weil sie weniger Niederlagen einstecken mussten oder nie gescheitert sind. Im Gegenteil – oft genug haben genau diese Leute mehr Misserfolge, mehr Scheitern erlebt als jeder andere. Der Unterschied ist, dass sie sich nicht haben unterkriegen lassen. Dass sie nach einem Schlag in die Magengrube, nach einem K. O. durch Angst, Wut oder Schlimmeres wieder aufgestanden sind und weitergekämpft haben. Wieder und wieder.

Wer erfolgreich sein will, muss das Scheitern einkalkulieren. Das Bestreben, Misserfolge auf Biegen und Brechen zu vermeiden, führt erst recht dazu, dass man scheitert. Denn: Wer nichts ausprobiert, kann zwar nicht auf einzelnen Etappen scheitern – aber am Ende seines Lebens hat er weder etwas erreicht noch viel erlebt. Ist er dann nicht viel eher gescheitert als ein Unternehmer, dessen erster Betrieb in der Insolvenz geendet ist, dessen zweiter sich aber über viele Jahre hinweg behaupten konnte?

Wenn es schiefgeht, kann man sich immerhin noch daran erinnern, dass man es wenigstens nach bestem Wissen und Gewissen versucht hat. Dass man seine Kompetenzen nutzen wollte und zeitweise auch konnte. Wer gescheitert ist, ist deshalb kein Verlierer. Er hat zuvor etwas gewagt.

Und: Wer sein Unternehmen tatsächlich in die Insolvenz geführt hat, findet möglicherweise anderweitig wieder eine neue, erfolgreiche Beschäftigung. In den USA ist es nicht ungewöhnlich, dass ein Unternehmer nach einem Konkurs anderswo mit Kusshand eingestellt wird. Denn zumindest weiß er schon mal ganz genau, wie's nicht geht!

Auch wenn Sie selbst nach der Insolvenz ein neues Unternehmen gründen, stehen Ihre Chancen damit gut. Eine Untersuchung des Bonner Instituts für Mittelstandsforschung zeigt: Ein Unternehmer, der schon einmal gescheitert ist, hat beim zweiten Anlauf um 18 Prozent höhere Erfolgschancen als ein Einsteiger.

Wenn Sie zu scheitern glauben: Identifizieren Sie sich nicht als Person damit. Glauben Sie nicht denjenigen Gedanken oder bösen Zungen, die Ihnen einreden, Sie seien ein »Versager«. Sondern halten Sie sich vor Augen: Wenn Sie mit Ihrem Unternehmen Konkurs anmelden müssen, dann scheitert das Unternehmen. Nicht Sie. Indem Sie zwischen Ihrer Art, in einer bestimmten kritischen Situation zu handeln, und Ihrer Person differenzieren, stellen Sie fest: Der eigene Wert als Mensch, Ihr ureigener Wert, mindert sich nicht durch Misserfolg.

3. Der Fels in der Brandung

Montagmorgen. Götz Reiher, Chef eines mittelständischen Maschinenbaubetriebs, sitzt in seinem Büro und sichtet Kontoauszüge. Letztes Wochenende hat er Squash gespielt – den halben Samstag und den ganzen Sonntag. Das hat ihm geholfen, diese furchtbare Bitterkeit im Zaum zu halten.

»28 972,35 Euro Miese!«, murmelt er säuerlich. »Bei 30 000 ist Schluss. Dann dreht die Bank den Hahn zu. Wie soll ich nächste Woche die Gehälter meiner Leute bezahlen? Die Produktion steht auch schon still, wegen der Stromrechnung.« Er schlägt mit der flachen Hand auf den Tisch. »Ach … was soll's. Ist doch nur 'ne kurze Durststrecke. Da muss man durch!«

Reiher greift zum Telefonhörer und wählt die Nummer seines Produktionsleiters. »Hotte? Hör zu, fahr sofort die Produktion wieder hoch. Und geh' Teile ordern. Was? Ja, alles, was du brauchst. Völlig egal. Kein Limit! Mach Dampf unterm Kessel, ohne Rücksicht auf Verluste!«

Optimismus ist zwar eine Tugend. Aber nur, solange er nicht zu verantwortungslosem Handeln verführt. Solange es nicht ein aus Angst gespeister Zwangsoptimismus ist, der die Realität völlig ignoriert. Das Motto »Augen zu und durch!« führt geradewegs gegen die Wand.

Es gibt Situationen, in denen die Optionen eigentlich klar sind. Wo es nur eine Konsequenz gibt. Wenn die Schulden überhand nehmen und der Chef genau weiß, dass er weder die Gehälter seiner Mitarbeiter noch die Rechnungen seiner Lieferanten je wird bezahlen können – dann muss er stark sein. Stark genug, um Insolvenz zu beantragen und seine Leute darüber zu informieren. Ist er es nicht, beispielsweise aus Angst oder Scham, dann macht er sich strafbar. Insolvenzverschleppung ist ein ernster Gesetzesverstoß – weil mit jedem Tag, an dem der Unternehmer nicht eingesteht, dass das Unternehmen insolvent ist, die Schulden höher und die Chancen, noch etwas aus den Trümmern zu retten, geringer werden.

Es muss gar nicht unbedingt um Insolvenz gehen. Auch in weniger dramatischen Situationen sind oft alle Optionen, die dem Unternehmer zur Verfügung stehen, äußerst unangenehm.

Es kann notwendig sein, einem Kunden zu sagen, dass das Unternehmen seine vertragliche Verpflichtung nicht einhalten kann. Oder Mitarbeiter zu entlassen. Oder bei der Bank um einen weiteren Kredit zu betteln. Das ist schmerzhaft – für Ihre Kunden, Ihre Mitarbeiter und für Ihr Selbstbewusstsein.

Aber die Alternative ist nicht, niemandem Schaden zuzufügen. Diese Möglichkeit haben Sie nicht mehr. Sie haben nur noch die Möglichkeit, die notwendige Entscheidung zu verzögern und damit noch viel mehr Schaden anzurichten. Wie ein Arzt, der zögert, einen zerquetschten Finger zu amputieren – bis der Patient an Blutvergiftung stirbt. Das ist eine miserable Alternative. Also entscheiden Sie sich für diejenige Möglichkeit, die für das Unternehmen, die Kunden, die Mitarbeiter die besten Chancen bietet.

Wenn Sie in einer Krisensituation Ihre Angst und Wut gemeistert haben und sich Ihre Handlungsoptionen klargemacht haben, dann kommen Sie ins Handeln. Mit aller Konsequenz. Das braucht Mut und Rückgrat. Aber dafür sind Sie der Chef.

Gerade wenn die Wogen hoch gehen, müssen Sie für Ihre Mitarbeiter der Fels in der Brandung sein, auf den sie sich retten können. Zuverlässig und stabil. Schauen Sie auch in der düstersten aller Krisen nicht in die Vergangenheit, sondern in die Zukunft. Sperren Sie sich nicht gegen die Wahrheit, und gehen Sie den notwendigen Schritt. Denken Sie nicht kritiklos positiv – das macht schnell unglaubwürdig. Verfallen Sie aber auch nicht ins Grübeln. Sondern gehen Sie die Sache in der Kommunikation mit Ihren Leuten sachlich und nüchtern an. Zeigen Sie sich lösungsorientiert. Und dann tun Sie alles, was notwendig ist. Ziehen Sie den Plan, den Sie entwickelt haben, konsequent durch. Mit nach vorne gerichtetem Blick. In eine offene Zukunft.

Wenn Ihre Mitarbeiter spüren, dass Sie als Unternehmer das Heft selbst in der Hand behalten, wirkt die kritische Situation auf sie schon weniger bedrohlich. Und sie verlieren nicht sofort den Mut. Als Chef dürfen Sie deprimiert sein – Sie am ehesten von allen. Aber trotzdem müssen Sie einen Plan entwickeln und danach handeln. Sie müssen stark genug sein, um Ihren Mitarbeitern in schweren Zeiten Orientierung zu bieten.

Wenn der Chef nicht weiß, wo es langgeht, wer dann?

4. Nicht: *Was* lernen wir daraus? Sondern: *Wann!*

»Schau mal, was für eine schöne Abendsonne!« Gertrud Berger ist mit ihrem Mann Wolfram an den See gefahren. Sie haben Brot dabei, um die Enten zu füttern. »Ehrlich gesagt, kümmert mich die Sonne gerade einen Dreck«, knurrt er. »Hier, gib ihnen noch was.« Gertrud reicht ihm zwei trockene Scheiben. »Was haben die Viecher auch Hunger!« Er zerkleinert das Brot und wirft es den Vögeln hin, die sich schnatternd darauf stürzen.

»Deren Sorgen möcht' ich haben«, seufzt Wolfram. »Was soll ich morgen bloß meinen Leuten sagen? Dass wir pleite sind? Dass ich nicht weiter weiß? Dass das alles ein Riesenmist ist?« – »Ärger dich nicht«, meint Gertrud besänftigend. »Es geht auf jeden Fall irgendwie weiter! Und vielleicht ist das ja auch eine Chance, meinst du nicht?« – »Hm?«, brummt ihr Mann argwöhnisch. »Na ja, du kannst doch eine Menge aus der Sache lernen. Denk doch mal drüber nach, was du beim nächsten Mal alles anders machen wirst … « – »Quatsch!«, ruft er und schleudert wütend das Brot ins Wasser.

Wer emotional in eine Problemsituation verstrickt ist, tut sich mit gut gemeinten Ratschlägen schwer. »Die Sache hat sicher auch ihr Gutes, du musst es nur finden«, oder »Sieh es als Lernchance« – solche Aufforderungen tragen nicht unbedingt dazu bei, die Gemütsruhe wiederherzustellen. Im Gegenteil: Obwohl sie als Hilfe gemeint sind, setzen solche Ratschläge denjenigen, der gerade in der Krise steckt, noch mehr unter Druck. Zusätzlich zu allen anderen Herausforderungen, die die Situation stellt, soll man jetzt auch noch gute Miene zum bösen Spiel machen. Das sorgt für zusätzlichen Ärger. Eine Anregung wird rasch als Forderung verstanden. Oder sogar als versteckte Kritik. Sich darauf einzulassen ist den meisten Menschen unmöglich.

Und es ist auch nicht sinnvoll. Enttäuschung, Sorgen, Wut und Traurigkeit verhindern eine objektive Betrachtung der Situation. Wenn Sie jetzt überlegen, was Sie daraus lernen können, sind Ihre Schlüsse wahrscheinlich falsch. Dazu kommt: Im Moment ist das Krisenmanagement wichtiger.

Keine Frage – irgendwann wollen Sie aus allem lernen, was Sie glauben verbockt zu haben. Das kann aber erst im Rückblick geschehen. Wenn andere emotionale Voraussetzungen herrschen und die Niederlage verarbeitet ist. Wenn das Tal, in dem Sie jetzt noch stecken, weit hinter Ihnen liegt. Dann erst können Sie über die nächste Hügelkuppe schauen. Vom Tal aus nicht!

Der richtige Zeitpunkt, um vergangene Fehler zu erkennen oder sogar als lehrreiche Erfahrungen zu verbuchen, tritt beim einen früher, beim anderen später ein. Wann, können nur Sie selbst entscheiden. Ich selbst habe erst nach Jahren aus meinen Erfahrungen als Start-up-Unternehmer eine Lehre gezogen, einen Nutzen.

Ein Fehler damals bestand in mangelnder Kundenorientierung. Stellen Sie sich die Begeisterung von zwei Technikern vor, die ein Unternehmen gründen, weil sie von ihrer Idee hellauf begeistert sind. Die glauben, dass sie ein tolles Produkt entwickelt haben, das überall eingesetzt werden kann und wird. Die es aber versäumen, sich intensiv mit bestimmten Industriezweigen zu beschäftigen, um die Probleme und Bedürfnisse der jeweiligen Segmente kennenzulernen – was eigentlich die Voraussetzung ist, wenn man den Markt sinnvoll und korrekt bedienen will.

Wir versuchten, mit unserem Produkt die Welt zu beglücken, anstatt uns mit den Wünschen der Kunden zu beschäftigen. Anstatt uns zu fragen: Bringt denen unsere technische Neuerung überhaupt einen Nutzen? Wenn ja, welchen genau? Ist unser Produkt optimal auf die Bedürfnisse, die in dieser Branche herrschen, zugeschnitten?

Ein weiterer Fehler bestand darin, dass wir einerseits die Produktentwicklung und andererseits den Vertriebsaspekt im B-to-B-Bereich unterschätzten. Und zwar völlig. Wir glaubten, ein Produkt zu haben, dabei hatten wir nur einen Prototyp. Wir glaubten, der Kunde sieht das Produkt, ist begeistert und kauft es binnen drei Monaten. Bei manchen Kunden war die Begeisterung durchaus vorhanden. Nicht so das Budget. Bis der Chef auf Kundenseite überzeugt war, das Geld zu investieren, verging ein Jahr. Der Auftrag ging dann erst ein Jahr später ein. Zwei Jahre Vorlaufzeit – trotz vollständiger Überzeugung des Kunden!

Anfangs war uns nicht bewusst, dass es mitunter solche Durststrecken zu überbrücken gilt. Dass ein Unternehmen auch kleinere Produkte oder Dienstleistungen im Angebot braucht, die bei den Kunden eine geringe Hemmschwelle darstellen und rasch mal eben gebucht werden. Und funktionieren. Nur so lässt sich das Vertrauen der Kunden aufbauen, damit sie schließlich auch größere Angebote kaufen. Nur so kann sich das Unternehmen in der ersten Zeit über Wasser halten. Das alles wussten wir nicht. Wir rechneten damit, gleich die ganz großen Anlagen zu verkaufen. Unser Businessplan zeigte viel früher Umsätze an, als sie dann tatsächlich kamen.

Heute, mit vielen Jahren Abstand, weiß ich, was wir damals alles falsch gemacht haben. In der Situation dagegen – und auf so manchem Tiefpunkt der Ratlosigkeit – wäre mir diese Erkenntnis nicht möglich gewesen. Selbst wenn ich alle Faktoren noch so gründlich analysiert hätte. Ja, selbst wenn es mir jemand gesagt hätte, hätte ich es nie und nimmer nachvollziehen können.

Die Frage ist also nicht nur, was Sie aus Fehlern lernen können. Die Frage ist vielmehr, wann Sie etwas daraus lernen.

Damit Sie sich von Ihren Emotionen lösen und einen Erkenntnisgewinn aus der Situation ziehen können, ist es nötig, die Perspektive zu wechseln. Das ist nicht nur eine Redensart. Das ist eine Methode.

Reframing

»Reframing« ist ein Begriff aus der Systemischen Psychotherapie und aus dem Neurolinguistischen Programmieren. Er impliziert, dass menschliche Denkmuster einen Rahmen (»frame«) haben. Alle Erfahrungen werden innerhalb dieses Rahmens wahrgenommen und gedeutet.

»Mein Glas ist schon halb leer!«

»Meins ist noch halb voll!«

Um von der ersten zur zweiten Aussage zu gelangen, muss man ein- und denselben Umstand – dass das Glas zur Hälfte mit Getränk und zur anderen Hälfte mit Luft gefüllt ist – quasi umdeuten. Wie ein Bild, das man aus seinem alten Rahmen nimmt und in einen neuen einsetzt. Reframing ist also eine Art Wandlung des Bedeutungs- und/oder Kontextrahmens. Der Effekt liegt auf der Hand: Aus einem neuen Blickwinkel betrachtet, gewinnt das eigene Erleben eine andere Qualität – die man zuvor noch nicht wahrgenommen hat.

Aber Vorsicht: Das heißt nicht, dass alles Negative, das einem im Laufe des Lebens zustößt, einfach mit einem »Hatte doch auch sein Gutes« weggewischt werden soll! Sondern es ist vielmehr die Einladung, für einen Augenblick auf Distanz zu gehen und sich auf eine neue Sichtweise einzulassen. Beispielsweise sich als Handelnder statt als Opfer der Umstände zu sehen. Oder zu überlegen, welche wirtschaftlichen Zusammenhänge in dem negativen Ereignis deutlich werden. Dieser neue Blickwinkel erlaubt es möglicherweise, das Negative als Feedback sehen und wieder zu einer inneren Balance zurückzufinden.

Wie dieser Lern- und Erkenntnisprozess in der Praxis funktioniert, zeigt ein letztes Beispiel aus meiner eigenen Erfahrung. Mein Vater war Professor für Maschinenbau. Ein Techniker durch und durch. Es gibt ein Sprichwort, über das er sich stets geärgert hat:

»Fingerlang gehandelt ist besser als armlang geschafft.«

Für ihn drückte es die Selbstzufriedenheit eines Vertrieblers aus, der durch reine Verhandlungen mehr Geld verdient als der mit beiden Händen werkelnde Techniker. Der Techniker findet anfangs vor allem die Technik großartig, die das eigene Fachgebiet hervorbringt. Deswegen ist er überzeugt: Wenn die Technik stimmt, ist es ein Leichtes, Kunden zu gewinnen. Der Techniker hat also den Eindruck, sich mit Entwicklungentotzu schuften, während der Vertriebsmann gemütlich mit dem Kunden zusammensitzt und Kaffee trinkt. Und eine Marge von satten 30 Prozent einstreicht.

In der Situation des Technikers ist es extrem schwer einzusehen, dass es auch eine Kehrseite der Medaille gibt. Dass der Vertriebsaufwand erheblich höher ist, als er ihn gewöhnlich einschätzt. Der Vertriebler sieht die Sache so: Er geht auf den Kunden ein. Richtet sich nach dessen Vorgaben. Kennt dessen Bedürfnisse. Er kann einschätzen, wann ein für den Hersteller durchschnittliches Produkt für den Kunden »perfekt« ist. Sodass er's auch haben will. Und es womöglich ein Riesenerfolg wird!

Wenn es dem Techniker gelingt, die Sache auch mal aus der Position des Vertrieblers zu sehen, hat er enorm viel gewonnen. Nämlich ein neues Verständnis der wirtschaftlichen Zusammenhänge und der Kundenpsychologie, das ihm erlaubt, mit einem eigenen Unternehmen dauerhaft erfolgreich zu sein.

Und selbst wenn Sie dabei den einen oder anderen Rückschlag einstecken müssen: Jetzt wissen Sie, wie Sie damit umgehen können, um aus jeder Situation noch das Bestmögliche herauszuholen.

Kurz und bündig

➤ Lassen Sie in Krisensituationen Gefühlen wie Angst und Wut nur im privaten Umfeld freien Lauf. Bleiben Sie im Geschäftsumfeld nach außen hin ruhig. Verbreiten Sie aber auch keinen falschen Optimismus.

➤ Kommunizieren Sie erst mit Ihren Mitarbeitern, wenn Sie sich gefangen haben. So vermeiden Sie es, Ihre Gefühlslage auf die Mitarbeiter zu übertragen.

➤ Malen Sie sich das Worst-Case-Szenario aus. So stellen Sie fest: Auch das Schlimmste, was passieren kann, bringt mich nicht um. Und Sie entdecken, welche Handlungsoptionen Sie haben.

➤ Holen Sie sich externe Hilfe, wenn es Ihnen nicht gelingt, sich aus eigener Kraft aus dem emotionalen Loch zu ziehen. Achten Sie darauf, dass es sich um jemanden handelt, der hart zu Ihnen sein kann, ohne eigene Interessen zu hegen.

➤ Nutzen Sie Ihren Handlungsspielraum – verantwortungsbewusst und entschlossen. Damit werden Sie für Ihre Mitarbeiter der Fels in der Brandung und zeigen, dass Sie nicht vorhaben, sie im Stich zu lassen.

➤ Unterscheiden Sie zwischen »Scheitern« und »Gescheitertem«. Halten Sie sich vor Augen, dass Sie als »Gescheiterter« kein Versager sind.

➤ Versuchen Sie nicht, noch in der Krise die Lehren daraus zu ziehen – das wird nicht gelingen, solange Sie emotional aufgewühlt sind. Mit ein paar Monaten oder Jahren Abstand fällt es Ihnen viel leichter, Fehler zu erkennen, die Sie vor oder während der Niederlage gemacht haben, aber sich nie eingestanden hätten.

➤ Nutzen Sie »Reframing« – betrachten Sie das Geschehene aus einer ganz anderen Perspektive. Das erlaubt Ihnen, sich von Ihrer subjektiven Sicht zu lösen und größere Zusammenhänge zu erkennen.

Kapitel 9
Heute bleibt das Handy mal aus

Wie Sie sich Zeit nehmen für die wirklich wichtigen Dinge

Traktionsbatterie: Teil des Antriebsaggregats von Elektrofahrzeugen. Die Traktionsbatterie besteht aus mehreren miteinander verschalteten Akkublöcken, die wiederum meist aus vielen Einzelzellen zusammengesetzt sind. Aus technischen Gründen liegt die Nutzkapazität im Allgemeinen bei zwei Dritteln bis drei Vierteln der Nennkapazität. Letztere wird vom Hersteller meist in einer Wertekombination aus Spannung, Amperestunden und Entladedauer angegeben.

Bis zum Umfallen

»Und wenn du heute wieder erst um zehn Uhr abends nach Hause kommst, dann sind wir geschiedene Leute!« Klick.

Fabio Büchner steckt das Handy weg, er ist in Eile, keine Zeit, sich zu ärgern, der Flur kommt ihm endlos vor, früher wäre er nie von den paar Schritten gleich ins Schwitzen geraten, aber früher hatte er auch noch Zeit für Sport, da ging es dem Betrieb noch besser, Mediendesigner gibt's heute wie Sand am Meer, und viele sind junger und besser ...

Hätte seine Frau nicht später anrufen können? Wo er sich gerade eben schon über den Computertechniker ärgern musste. Guter Mann, aber halt so ein typischer Freak, der bei jeder Frage nach Alternativen erst mal blöd grinst. Das hat Büchner gerade noch gefehlt, bei einer durchschnittlichen 70-Stunden-Woche. Noch dazu schläft er zurzeit kaum. Wie denn auch, wenn es an allen Ecken und Enden brennt? Er kommt sich vor wie ein Feuerwehrmann ohne Schutzanzug. Oder wie ein Gaukler auf einem grotesken Mittelaltermarkt, der alle Bälle in der Luft halten muss, in der permanenten Angst, gelyncht zu werden, wenn auch nur einer zu Boden fällt.

Jetzt zieht es ihm schon wieder so komisch im linken Arm. Der Rücken schmerzt auch fast ständig. Man ist halt keine dreißig mehr. Endlich hat Büchner sein Büro erreicht, an der Tür bleibt er einen Moment lang stehen, um sich den kalten Schweiß abzuwischen.

Das Telefon klingelt. »Notfall, Chef!« Der Computerfreak. Auch das noch. »Bei uns geht auf einmal nix mehr. Kaum waren Sie weg, sind alle Anlagen ausgefallen. Scheint eine Sicherung durchgebrannt zu sein. Ich kümmer' mich drum. In einer Stunde sind wir wieder on. Nur …« – »Was?« Büchner verbiegt den Oberkörper, er schwitzt immer noch. »Unsere Arbeit ist futsch. Das letzte Backup ist, äh, drei Wochen alt!«

Es klopft. »Was ist denn?«, Büchner knallt den Hörer auf die Gabel. »Kann man denn nicht mal fünf Minuten in Ruhe telefonieren?« – »Chef, gerade hat das Management von Tele 1 angerufen«, meldet seine Sekretärin. »Die stornieren ihren Auftrag!« – »Was!?« Büchner ist fassungslos, er muss sich abstützen, der Schmerz pocht in seinem Arm. »Der … der Großauftrag für … für die Umrahmung der Show … storniert!?« Der Schmerz explodiert. Die Tischplatte scheint unter ihm nachzugeben. Büchner wird schwarz vor Augen.

Wer sich überarbeitet, dem droht früher oder später die völlige Erschöpfung. Der Zusammenbruch. In vielen Fällen mit ernsten gesundheitlichen Folgen. Und dieses Risiko besteht! Es ist sogar viel höher, als manch einem Unternehmensführer lieb ist. Schließlich ist es ein schleichender Prozess, der der Gefahr den Weg ebnet. Sukzessive gerät man in einen Strudel, ohne es am Anfang groß zu merken. Das ganze Leben wird nach dem unternehmerischen Denken und Handeln getaktet.

Das fängt schon im Alltag an. Beim Aufstehen werden erst einmal die E-Mails gecheckt. Noch im Pyjama, auf der Bettkante. Womöglich wird auch gleich das erste Telefonat mit dem Vertrieb geführt oder eine SMS an den Produktionsleiter geschickt. Erst danach kann man »in Ruhe« frühstücken. Ist ja auch super, wenn man in zwei, drei Sätzen mit fünf Minuten Zeitaufwand sicherstellen kann, dass bloß nichts stockt!

Denn dass etwas schiefgeht, wenn der Chef nicht mitmischt, ist ja klar. Zum Zeitunglesen bleibt deshalb keine Zeit. Punkt 7.15 Uhr betritt er sein Büro. Eigentlich schon zu spät, schließlich liegt auf dem Schreibtisch genug Arbeit für den ganzen Vormittag. Zeit zum Mittagessen ist erst gar nicht eingeplant. So geht es weiter. Der Nachmittag gestaltet sich stressig – wann immer irgendetwas erledigt scheint, offenbart sich woanders eine neue Baustelle.

Abends ist er völlig erschöpft. Er kommt nach Hause, die Ehefrau ist enttäuscht, dass es so spät geworden ist, die Kinder sind schon längst im Bett. Ein paar letzte wichtige Mails an das Führungspersonal, bevor ihm selbst auch die Augen zufallen.

Sie ahnen schon, wo das Kernproblem liegt: Diese Art von Chef hängt sich stark rein ins operative Tagesgeschäft. In der Überzeugung, dass sonst alles schiefgehen würde. So fließt die meiste Energie des Chefs ins Management des Unternehmens.

Kritisch wird das Ganze spätestens, wenn man älter wird. Bis Mitte dreißig funktioniert das vielleicht ganz gut. Irgendwann aber wird man immer schneller müde. Eine gewisse Unlust macht sich breit. Trotzdem bleibt der Zwang, dasselbe Pensum ohne Rücksicht auf Verluste weiter durchzupeitschen. Wenn nötig, bis zum Zusammenbruch.

Je nach Kapazität der Traktionsbatterie geht die gespeicherte Energie, die zum Fahren nötig ist, irgendwann zur Neige. Ein Elektrofahrzeug muss daher regelmäßig an einer Ladestation aufgeladen werden.

Die volle Ladung einer Traktionsbatterie lässt sich mit dem Energieeinsatz eines Unternehmers vergleichen: Irgendwann ist die Kapazität erschöpft. Aufladen lässt sich die »Batterie« durch kürzere und längere Auszeiten, die dem Unternehmer Ablenkung und Entspannung verschaffen. Somit schöpft er wieder Kraft für seine eigentlichen Aufgaben.

Wenn der Unternehmer diese Aufladezeiten versäumt, bricht er irgendwann zusammen. Das Fatale daran ist, dass zusammen mit dem Geschäftsführer oft gleich dem ganzen Unternehmen die Luft ausgeht. Ein Chef, der bislang viele Gewichte eigenhändig gestemmt hat und von einem Tag auf den anderen ausfällt, reißt ein viel größeres Loch in den Betrieb, als wenn ein beliebiger Mitarbeiter krank wird. Es besteht das hohe Risiko, dass die Entwicklung des Unternehmens stagniert. Oder dass der Betrieb irgendwann vor dem Kollaps steht.

Wie kann das sein? Schließlich bemüht sich der Chef doch ständig darum, genau das zu vermeiden! Er will ja, dass sein Unternehmen blüht, wächst und gedeiht. Und tut alles dafür, mit Herzblut und nach bestem Wissen und Gewissen.

Das ist genau der Knackpunkt: Alles im Leben des Chefs kreist nur noch ums Unternehmen. Sein Fokus wird allzu eng. Es entsteht eine Art Tunnelblick. Und zwar nicht nur in einer Krisensituation, sondern auch und besonders, wenn das Geschäft gut läuft. Das klingt nur auf den ersten Blick paradox – schließlich gibt es wohl niemanden, dem es keinen Spaß macht, erfolgreich zu sein und sich dafür auch entsprechend einzubringen!

Dafür gibt es viele Beispiele. Wenn der Chef seinem Techniker zu Hilfe eilt und ein Problem löst, zollt ihm dieser vielleicht Anerkennung. »Boah, Chef, Respekt, wie Sie das gemacht haben! Darauf wäre ich nie gekommen. Super, jetzt läuft's!«

Oder er fährt zum Kunden raus und es gelingt ihm spielend, den Auftrag an Land zu ziehen, auf den die ganze Firma schon lange wartet.

Vielleicht ist der Kunde sowieso darauf eingestellt, stets nur direkt mit dem Chef zu verhandeln. »Cool!«, denkt sich dieser auf der Rückfahrt. »Hätte ich nicht die Initiative ergriffen und den Kunden überzeugt, hätten wir den Auftrag nie bekommen!«

Das alles schmeichelt dem Ego. Es bestätigt in der Vorgehensweise und beflügelt zu neuen Taten. Zeitung lesen, sich mit seiner Frau unterhalten oder mit den Kindern spielen, mit dem Hund spazieren gehen oder am Wochenende mal zur Schwiegermutter fahren – das alles ist zwar schön und gut und wird zwischendurch auch mal gemacht. Aber der allzu tüchtige Chef hört dabei immer eine leise Stimme im Hinterkopf, die ihm einflüstert, dass er die Zeit eigentlich besser nutzen könnte. Beispielsweise, um ein neues Projekt vorzubereiten. Und dass es nicht so schlimm wäre, wenn er die privaten Verpflichtungen und Anlässe ganz verpassen würde.

Nicht nur privat, auch fachlich ist der Tunnelblick eine oft übersehene Gefahr. Wer bis über beide Ohren im operativen Tagesgeschäft steckt, den hängt bald die Konkurrenz ab. Neuerungen und Entwicklungen in der Branche werden übersehen. Markttrends verpasst. Netzwerke verkümmern, anstatt ausgebaut zu werden. Was »da draußen« passiert, gerät völlig aus dem Blickfeld. Es wird nur noch ständig am Unternehmen geschraubt. Der Austausch von Informationen mit anderen Unternehmern, das Feedback aus anderen Fachbereichen, die nötigen Impulse von außen – all das wird völlig blockiert. Und damit auch eine langfristige Zukunftsplanung verhindert.

Auf den Punkt gebracht, mangelt es dem Chef an Weitblick. Er wird kurzsichtig. Ohne zu merken, dass das auf Dauer nicht gutgehen kann.

Der Zweck der elektrischen Energie einer Traktionsbatterie besteht im Antrieb des Fahrzeugs. Wird sie falsch genutzt, zum Beispiel für eine elektrische Standheizung, so ist die Ladung der Batterie schnell verbraucht. Es bleibt keine Energie mehr zum Fahren übrig. Standheizungen in Elektroautos werden daher meistens über eine normale Steckdose mit Strom versorgt.

Vergleichbar der Ladung der Traktionsbatterie muss auch die Energie des Unternehmers sinnvoll und zweckbestimmt ausgerichtet sein. Er ist dafür verantwortlich, dass das Auto fährt, dass sein Unternehmen vorankommt. Er ist Energielieferant für die Arbeit am Unternehmen. Und ähnlich wie die externe Steckdose für die Standheizung müssen sich andere Energielieferanten, nämlich seine Mitarbeiter, um die Arbeit im Unternehmen kümmern.

Um Ihren Betrieb nicht nur zweckbestimmt führen zu können, sondern auch dafür zu sorgen, dass das Unternehmen zukunftsfähig ist und bleibt, müssen Sie sich über eines klarwerden: Sie sind der Hauptenergielieferant! Wenn Sie die Unternehmeraufgaben nicht wahrnehmen und bewältigen, dann tut es niemand.

Jeder Energielieferant muss sich früher oder später aufladen. Als Unternehmer haben Sie daher die regelrechte Pflicht, sich regelmäßig Auszeiten zu nehmen. Es ist ok, wenn Sie sich gelegentlich mal durch eine 80-Stunden-Woche beißen. Das wird sogar unvermeidlich sein. Über einen längeren Zeitraum wie mehrere Monate oder gar Jahre dagegen hält das niemand durch. Außer er »mogelt« – und verbringt einen deutlichen Teil seiner 80-Stunden-Woche mit ausgiebigen Mittagspausen und entspannenden Tätigkeiten.

Das Zweite: Schaffen Sie den Tunnelblick ab. Werden Sie weitsichtig. So stellen Sie sicher, dass nicht nur Sie Ihren Arbeitsplatz behalten, sondern auch Ihre Mitarbeiter. Wenn das Unternehmen sich als nicht zukunftsfähig erweist, weil der Chef nicht weit genug nach vorne und zur Seite geschaut hat, und zwanzig Leute ihren Job verlieren, dann fällt die Verantwortung dafür immer auf Sie selbst zurück.

Wie aber schaffen Sie beides am ehesten? Erstens, indem Sie wichtige von unwichtigen Aufgaben trennen. Lernen Sie, sich ganz auf die Tätigkeit als Unternehmer zu konzentrieren, um »Blindenergie« zu vermeiden. Zweitens, indem Sie so früh wie möglich die Weichen stellen für eine sichere Fahrt in die Zukunft. Drittens, indem Sie bestimmte Gewohnheiten in andere umschleifen. Und viertens, indem Sie sich angewöhnen, Ihren Akku regelmäßig aufzuladen, um nicht plötzlich komplett ohne Energie dazustehen.

1. »Blindenergie« vermeiden

Ein normaler Montagmorgen im Büro des Geschäftsführers der Architektur Fritz GmbH. Roland Fritz schaut auf seinen Tagesplan. Eigentlich steht ein Meeting mit seinen Mitarbeitern an, in dem Interna besprochen und die Strategie für das kommende halbe Jahr erläutert werden sollen. »Ach was, das Meeting ist unnötig«, sagt sich Roland Fritz. »Die paar Sachen kann ich meinen Leuten auch nächste Woche noch irgendwann mitteilen. Jetzt hab' ich erst mal Wichtigeres zu tun.«

Er greift zum Telefon und bittet seine Projektleiter, ihre jeweiligen Mitarbeiter zu informieren, dass das Meeting entfällt. Danach wählt er eine neue Nummer. »Ja, hallo? Hier Roland Fritz. Grüß dich, Benno. Wie läuft's bei euch im Stadtrat? Gut? Schön, schön! Wollte dich übrigens mal fragen, was du von unserem Entwurf für das neue Konferenzzentrum hältst. Wir sind doch noch im Rennen, nicht? Super, freut mich zu hören. Pass auf, ein paar Details wollte ich dir dazu noch sagen … «

Es ist keine böse Absicht, wenn der Chef sich voll ins Tagesgeschäft reinhängt. Er meint es gut, wenn er dem Vertrieb unter die Arme greift. Kunden berät. Kaltakquise betreibt. In der Produktion mit anpackt. Das Problem ist nur: Es ist die falsche Art von Arbeit, die er macht. Die Energie, die er ins Unternehmen steckt, wirkt in Bereichen, in denen ein Unternehmer eigentlich nicht tätig sein darf – dazu hat er seine Mitarbeiter. Letztere werden an den Rand gedrängt. Für den Chef selbst, ebenso wie für den Betrieb, werden sein Einsatz und seine Leistung – wenn auch noch so gut gemeint und vermeintlich unverzichtbar – zur regelrechten Blindenergie. Die im Grunde verpufft.

Wie erreichen Sie es aber, Blindenergie als solche zu erkennen und stattdessen die richtige, notwendige Form von Energie in Ihr Unternehmen zu stecken? Die, die der Firma langfristig am ehesten zugutekommt? Indem Sie erst einmal einen Schritt zurücktreten und sich genau betrachten, welche Aufgaben Sie haben, und für welche davon Sie bislang wie viel Zeit aufwenden.

Turbo-Tipp: Das Arbeitsblatt zur Selbstkontrolle

Tragen Sie nach jeder der folgenden Tätigkeitskategorien den zeitlichen Aufwand ein (in Prozent), und zwar mit jeweils zwei Werten: einen für die vergangene Woche und einen für die letzten sechs Monate. Für jeden Zeitraum muss die Summe der Werte 100 Prozent betragen.

	vergangene Woche	letzte 6 Monate
1. Forschung und Entwicklungsarbeiten:		
2. Networking:		
3. Produktion:		
4. Mitarbeiter (Auswahl, interne Kommunikation):		
5. Administration (Steuer, Buchhaltung, Finanzen):		
6. Unternehmensplanung und Kontrolle (Vision, Strategieentwicklung, Ziele):		
7. PR und Werbearbeiten:		
8. Systeme (Unternehmenssysteme, Regeln, Werte):		
9. Vertrieb:		
10. Eigene Weiterbildung (Selbststudium, Seminare etc.):		
	100%	100%

Haben Sie alle zwanzig Werte notiert? Dann können Sie jetzt mit der Auswertung beginnen. So geht's: Unter den zehn Punkten sind Fach- und Manageraufgaben sowie Unternehmeraufgaben zu gleichen Teilen gemischt. Hinter den ungeraden Ziffern verbergen sich Fach- und Managertätigkeiten. Die geraden Ziffern bestehen aus den wichtigsten Unternehmeraufgaben. Wenn Sie hauptsächlich bei den ungeraden Ziffern Prozentpunkte gesammelt haben, dann lesen Sie diesen Abschnitt bitte besonders gründlich. Dann nämlich sind Sie weniger Unternehmer als vielmehr Manager und Facharbeiter. Wenn Sie dagegen vor allem bei den geraden Ziffern hohe Werte notiert haben, dann sind Sie bereits überwiegend Unternehmer.

Sich bewusst zu machen, wo bei den eigenen Tätigkeiten momentan die Schwerpunkte liegen, ist ein erster wichtiger Schritt zur Lösung. Wie so oft hilft auch hier die Schriftform. Nutzen Sie dasselbe Arbeitsblatt wie in obigem Turbo-Tipp, und halten Sie für einen Monat lang jeden Abend fest, wie viel Zeit Sie für welche Aufgaben aufgewendet haben. Erstellen Sie am Ende des Tages mittels eines Excel-Sheets oder Ähnlichem eine Kurzbilanz. Nachdem der Monat um ist, zählen Sie alles zusammen für ein exakteres Bild. Dazu teilen Sie Ihre Tätigkeiten in drei Gruppen: Unternehmer-, Management- und Fachaufgaben.

Zu den wichtigsten Aufgaben eines Unternehmers zählt die Unternehmensplanung. Diese beinhaltet die Strategieentwicklung und die langfristigen Unternehmensziele. Auch der Aufbau von Unternehmenssystemen, die Festlegung von Regeln und Werten sowie die Auswahl der Mitarbeiter, deren Entwicklung und die interne Kommunikation gehören dazu. Das sind alles Bereiche, in denen der Chef das letzte Wort hat. Ihre Mitarbeiter können mithelfen sie umzusetzen – Sie als Chef aber müssen sie einführen und dafür sorgen, dass sie immer im Blick behalten werden. Denn wer ein Unternehmen prägt, ist der Chef. Neben diesen internen Aufgaben gibt es den externen Bereich: das Networking und die eigene Weiterbildung.

Viele Chefs übernehmen außerdem noch Managementaufgaben: Die Mitarbeiter anleiten, festlegen, wer welche Aufgabe erledigt, Prioritäten setzen, Entscheidungen über das Tagesgeschäft treffen, die auf den langfristigen Zielen und der Unternehmensstrategie basieren.

Zuletzt gibt es noch die Fachaufgaben: Vertrieb, Entwicklung, Programmieren, Maschinen kontrollieren, Texten, Website gestalten … eben das operative Tagesgeschäft Ihres Unternehmens.

Die optimale Verteilung Ihrer Zeit auf diese Aufgaben hängt von der Unternehmensgröße ab. Bei einem jungen Start-up-Unternehmen von bis zu sieben Mitarbeitern ist es normal, dass der Chef noch an Fachaufgaben beteiligt ist. Schließlich hat er das Konzept entwickelt und muss erst mal dafür sorgen, dass es funktioniert.

Bei sieben bis 15 Mitarbeitern sollte er aber alle Fachaufgaben an seine Mitarbeiter delegieren und Führungskräfte einstellen, die ihm zumindest einen Teil der Managementaufgaben abnehmen. Das langfristige Ziel ist es, dass der Chef seine Zeit zu 90 Prozent mit Unternehmeraufgaben verbringt und nur zu zehn Prozent mit Management.

Bei einem Betrieb mit 15 Mitarbeitern und mehr müssten volle 100 Prozent der Zeit auf die Unternehmeraufgaben entfallen. Sämtliche Management- und Fachaufgaben werden von den Mitarbeitern erledigt.

Erschrecken Sie nicht, bei fast allen Unternehmen weicht die tatsächliche Aufgabenverteilung von diesem Ideal ab. Ein bisschen Abweichung ist auch in Ordnung – in der Übergangsphase, während Sie darauf hinarbeiten, die ideale Verteilung zu erreichen.

Wenn Sie aber bei 80 Mitarbeitern immer noch Vertriebsleiter spielen müssen, läuft etwas falsch. Dann müssen Sie schleunigst Maßnahmen ergreifen, um vom »operativen Vertrieb« hin zum reinen Networking zu gelangen. Networking heißt, dass Sie nach wie vor regelmäßig mit Ihren Kunden zusammenkommen. Aber: Wenn Sie mal drei Monate lang keine intensive Kontaktpflege betreiben, muss Ihr Unternehmen auf dem operativen Level trotzdem gut weiterlaufen.

Das erreichen Sie natürlich nicht von heute auf morgen. Es empfiehlt sich, dass Sie sich klare Ziele setzen. Und auch monatlich kontrollieren, wie weit Sie diesen Zielen nähergekommen sind. Indem Sie Stück für Stück von den Fach- und Managementaufgaben Abstand nehmen, können Sie nach einem Jahr locker Vollblutunternehmer sein.

Dabei werden Sie Rückschläge erleben. Wenn ein Projekt nicht so recht laufen will oder die Ergebnisse so gar nicht Ihren Vorstellungen entsprechen, oder wenn Sie merken, dass Sie bestimmte Aufgaben an einen ungeeigneten Mitarbeiter delegiert haben – dann kann es sinnvoll sein, dass Sie sich wieder persönlich darum kümmern. Ob es »läuft«, erfahren Sie durch Kontrolle: indem Sie Feedback anfordern. Und einmal im Monat nachprüfen, wie es insgesamt um das Unternehmen bestellt ist: Gibt es irgendwo Rückstände? Funktioniert alles nach Plan?

Wichtig ist sicherzustellen, dass diese »Rückübernahme« von Aufgaben nur vorübergehend ist. Sobald Sie einen geeigneten Mitarbeiter gefunden haben und der in seine neue Aufgabe hineingewachsen ist, mischen Sie sich nicht mehr ein. Mit der Zeit wird sich alles neu einspielen.

Seien wir ehrlich: An diesen Punkt gelangen Sie nur, wenn Sie hier und jetzt eine bewusste Entscheidung treffen. Nämlich dass Sie die Umverteilung der Aufgaben, den Wechsel zum Vollblutunternehmer, überhaupt von ganzem Herzen wollen. Wenn Sie sich positiv entscheiden, können Sie an Ihren Gewohnheiten arbeiten.

Fangen Sie damit an, indem Sie monatliche Ziele schriftlich festhalten. Und visualisieren. Fällt Ihnen die langfristige Zielsetzung schwer, so lassen Sie am Ende des Tages im Büro für fünf Minuten den Tag Revue passieren. Legen Sie eine Tabelle an: Halten Sie fest, was Sie erreicht haben und was schiefgelaufen ist. Vergleichen Sie den Inhalt mit dem, was Sie sich vorgenommen hatten. Überlegen Sie sich bei eventuellen Differenzen die möglichen Gründe – ohne einen Schuldigen zu suchen.

Und dann machen Sie reinen Tisch, indem Sie sich konkret vornehmen und in einer neuen Tabelle notieren, was morgen ansteht. Wählen Sie genau eine Sache für den nächsten Tag aus, die wirklich wichtig ist: Wenn Sie diese eine Sache schaffen, dann war der Tag ein guter Tag. Die nehmen Sie sich vor – komme, was da wolle. Hochgerechnet auf 220

Arbeitstage im Jahr lassen sich theoretisch in einem Jahr 220 unabding-bare Aufgaben erledigen. Das ist viel!

Sie werden sehen – schon durch die distanzierte, theoretische Betrachtung Ihrer Tätigkeiten ergeben sich bald andere Schwerpunkte. Sie werden Ihnen helfen, Ihr Vorhaben, nur noch Unternehmer zu sein, auch praktisch umzusetzen.

2. Die Weichen auf Zukunft stellen

Um von der täglichen Theorie zur selbstverständlichen Praxis zu kommen, müssen Sie gewisse Prozesse innerhalb Ihres Unternehmens ändern. Zumal dann, wenn Sie sich für die Zukunft Wachstum erhoffen. Dann nämlich tun Sie gut daran, die Weichen so früh wie möglich auf Zukunft zu stellen.

Aber was bedeutet möglichst früh? Und wo setzen Sie den Stellhebel an?

Möglichst früh bedeutet im Idealfall: im Moment der Unternehmens-gründung. Es gibt Start-up-Unternehmer, die sich von vornherein mit den notwendigen Fragen beschäftigen. Die die richtigen Leute mit Fach- und Managertätigkeiten beschäftigen und sich bewusst aus dem operativen Tagesgeschäft heraushalten.

Das muss aber nicht immer der Fall sein. Andere Start-ups haben gar nicht vor, aus ihrem Betrieb auf Biegen und Brechen eine riesige Firma zu machen. Auf einmal aber stellen sie fest: Die Nachfrage stimmt, die Kundenanfragen nehmen zu, das Produkt oder die Dienstleistung kommt an. Der Laden läuft. So wie Google damals. Dieser zweite Unternehmertyp steht unvorbereitet vor der Herausforderung, ein wachsendes Unternehmen unter ganz neuen Voraussetzungen zu leiten.

Die Schwellenwerte von sieben und von 15 Mitarbeitern sind für das Unternehmen echte Wachstumshürden. Wenn der Unternehmer es an diesen Schwellen schafft, erst die Fachaufgaben und dann die Managementaufgaben an seine Mitarbeiter abzugeben, dann kann er diese Hürden überspringen und erzeugt für das Unternehmen einen Wachstumsschub. Wenn nicht, bleibt es klein.

Der erste Unternehmertyp hat in der Regel eine starke Vision. Das Talent, Facharbeiter und Manager um sich zu scharen, die die Vision teilen und umsetzen. Und das Gespür für die richtigen, passenden Regeln, für das geeignete System seines Unternehmens. Anfangs kontrollieren diese Unternehmer alle ablaufenden Prozesse anhand ihrer selbstgesetzten Ziele. Sie nehmen sich Zeit, die zu 100 Prozent passenden Leute zu finden oder selber auszubilden. Dieser Typ überwindet die Schwellen mit Leichtigkeit.

Nehmen wir mal an, Sie gehören tendenziell zum zweiten Unternehmertyp. Dann ist es besonders wichtig, dass Sie frühzeitig damit anfangen, den nächsten Unternehmenssprung vorzubereiten: Indem Sie Mitarbeiter einstellen, die Ihnen Managementaufgaben abnehmen können. Indem Sie nach und nach eine Unternehmenskultur einführen, bei der klar ist, welche Aufgaben Sie erfüllen – und welche nicht. Und indem Sie den Prozessablauf und die Kommunikationsstrukturen so einrichten, dass die verantwortlichen Mitarbeiter ihre Aufgaben gut erfüllen können. Der erwünschte Effekt ist der: Sollten Sie mal drei Monate lang krank sein, so muss Ihr Unternehmen operativ genauso weiterlaufen, wie wenn Sie nach wie vor dabei wären.

Das wird besonders wichtig, wenn Sie in die Situation geraten, Ihr Unternehmen verkaufen zu wollen. Wenn der Laden ohne Sie nicht läuft, wird ihn niemand kaufen.

Ein kleiner Betrieb von sechs bis sieben Leuten wird es hier schwer haben. Der Chef hat die Kontakte, managt alles, erledigt womöglich noch selbst einige der Facharbeiten. Der Investor müsste quasi den Platz des alten Chefs einnehmen, damit der Laden weiterläuft. Das will nicht jeder. Das kann kaum einer. Ein Unternehmen lässt sich leichter verkaufen, wenn es auf den Investor wie ein Frachtschiff wirkt. Da kann sich der Kapitän auch mal zwei Stunden in die Kajüte zurückziehen und schlafen. Dank seines Steuermanns und der Matrosen fährt das Schiff auch ohne ihn weiter.

Rechnen Sie damit, dass ein potenzieller Interessent schnell mitkriegt, ob er Sie als Chef »vertreten« muss. Ein paar einfache Fragen an Ihre Mitarbeiter genügen vollauf:

➤ »Wie läuft das bei Ihnen ab, wenn ein Angebot eingeht?«

➤ »Wer entscheidet über die aktuelle Vertriebsstrategie?«

➤ »Wenn es mal in der Produktion hakt und niemand weiter weiß – wer bringt die Maschinen wieder in Gang?«

➤ »Will der Chef die neueste Werbekampagne immer noch mal sehen, bevor Sie damit rausgehen?«

Gerade Entscheidungen, die nicht ohne den Chef getroffen werden können, verraten dem Investor rasch: Der Chef hängt noch mit drin. Übrigens: Auch wenn Sie nicht vorhaben, Ihr Unternehmen zu verkaufen, erkennen Sie an diesen Anzeichen, ob Sie noch zu stark im Management tätig sind.

Besonders zäh bleiben am Unternehmer oft Vertriebsaufgaben hängen. Auch wenn er andere Managementaufgaben längst abgegeben hat: Die Erfahrung zeigt, dass der Chef selbst bei 25 bis 40 Mitarbeitern oft noch stark in den Vertrieb eingebunden ist. Er betätigt sich als Vertriebsmanager oder sogar als operativer Mitarbeiter. Für viele Unternehmer ist der Vertrieb sogar die entscheidende Baustelle – quasi der Dreh- und Angelpunkt des Unternehmenserfolgs.

Um sich hier langfristig auszuklinken, brauchen Sie eine kompetente, verlässliche Vertriebsperson. Das erfordert auf beiden Seiten eine Umgewöhnung. Anfangs werden Sie in die schwierige Lage geraten, dass ein Kunde auf Ihrer Durchwahl anruft und Sie ihm beibringen müssen, dass Sie nicht zuständig sind. Dass man sich in Zukunft möglichst immer direkt bei Ihrem Vertriebsleiter melden soll.

Turbo-Tipp: Den Vertrieb abgeben – ohne Kunden zu verärgern

»Was, jetzt schicken Sie auf einmal Herrn Maier? Bedeutet das eine losere Zusammenarbeit? Stehen wir für Ihr Haus nicht mehr an erster Stelle?«

Der Vertrieb ist oft genug die letzte der operativen Tätigkeiten, die Chefs aus der Hand geben. Berechtigterweise – schließlich sind es Aufträge und Kunden, die für das Unternehmen Wachstum oder Niedergang bedeuten. Wer will sich einen guten Kundenkontakt schon verderben?

Seien Sie unbesorgt – es ist nicht wahrscheinlich, dass Kunden wegen eines neuen Vertriebsmitarbeiters abspringen. Es kommt sehr darauf an, wie Sie als Chef die Sache einfädeln. Gerade bei schwierigen Kunden ist es wesentlich, dass Sie achtsam und geschickt argumentieren. Zeigen Sie Ihren Kunden auch nach dem geglückten Wechsel, dass Sie an einer weiteren fruchtbaren Zusammenarbeit interessiert sind. Fragen Sie telefonisch oder per E-Mail nach, ob zum Beispiel das Angebot angekommen ist. Wenn sich hier herausstellt, dass irgendetwas nicht rund läuft, sichern Sie zu, dass Sie mit Herrn Maier sprechen werden.

Auf keinen Fall sollten Sie sich über den Kopf Ihrer Vertriebsperson hinwegsetzen und die Sache sofort selbst in die Hand nehmen, vielleicht weil es ein Kommunikationsproblem gegeben hat und veraltete Konditionen im Angebot stehen. Weisen Sie Herrn Maier stattdessen auf die Situation hin und bitten Sie ihn, nach Klärung selbst auf den Kunden zuzugehen.

Was die ganze Sache in vielen Fällen erschwert, ist übrigens die emotionale Beteiligung des Chefs. Er muss voll hinter dem Vorhaben stehen, sich langfristig aus dem operativen Tagesgeschäft auszuklinken. Wenn er es nicht wirklich will, wird es auch nicht klappen!

Zum Trost für beide Seiten können Sie ja mit dem Kunden ab und zu mal ein Bier trinken gehen.

Ich will Ihnen nichts vormachen: Bis der neue Vertriebsleiter seinen Markt genau kennt und einen guten Draht zu den Kunden aufgebaut hat, kostet Sie die Umstellung zunächst Geld. Es ist eine Investition. Eine, die sich langfristig mehr lohnt, als wenn das Unternehmen in den Bereichen Personal und Wachstum auf der Stelle tritt.

Mit der Delegierung des Vertriebsbereichs haben Sie einen elementaren – nämlich den schwersten! – Schritt in Richtung Vollblutunternehmer getan. Bestimmt wundert es Sie nicht zu hören, dass es jedoch noch weitere Baustellen gibt. Nicht zuletzt die Tatsache, dass man sich bei noch so guten Vorsätzen oft genug selbst ein Bein stellt …

3. Das Gewohnheitstier zähmen

»Sorry wegen der Unterbrechung, Chef!« Der Vertriebsmitarbeiter ist ganz außer Atem. Er hat noch nicht mal an der Tür geklopft. »Sollen wir die Herbstaktion gleich schon in den August-Flyer mit reinnehmen? Wir haben vorsorglich zwei Druckvorlagen erstellt. Der Druckauftrag kann dann direkt raus!« – »In den August-Flyer?« Der Chef ist aus dem Konzept – er war gerade dabei, das Umsatzziel für das kommende Jahr anzupassen. »Wann startet denn die Herbstaktion? Und worum geht's da?« – »Äh, am 1. Oktober«, erwidert der Mitarbeiter. »Da geht's um, äh, Rabatte, so eine Punktesammlung bis Halloween. Haben wir doch letztes Jahr schon mal gemacht.« – »Ach ja, stimmt!« Der Chef kann sich gar nicht erinnern. Hauptsache, er wird den Störenfried rasch wieder los. »Ja, ja, machen Sie nur!«

Nicht nur dem operativen Tagesgeschäft, auch der mitunter überbordenden Kommunikation muss sich der Chef langfristig entziehen, um mehr Zeit für die eigentlich wichtigen Aufgaben übrig zu haben. So wie Chris Ducker, der, wie in Kapitel 3 erzählt, ab einem bestimmten Zeitpunkt keine CC-Mails mehr von seinen Mitarbeitern akzeptierte. Schon durch diese eine Maßnahme gewann er sehr viel Zeit.

Das Hauptproblem dabei: Kommunikationsprozesse, die sich über einen langen Zeitraum eingeschliffen haben, sind schwer zu durchbrechen. Oft sind die Mitarbeiter es gewohnt, dem Chef zwischen Tür und Angel wichtige Entscheidungen abzuringen. Und verstehen nicht, warum das auf einmal nicht mehr erwünscht ist. Dabei kostet den Chef die spontane Beschäftigung mit beliebigen Problemen in der Regel sehr viel Zeit. Das liegt daran, dass niemand so richtig darauf vorbereitet ist, weder er selbst noch die Mitarbeiter. Man muss sich gedanklich umstellen. Die Leute eventuell vertrösten, um etwas zu recherchieren, das man gerade nicht im Kopf hat. Häufen sich solche Anfragen und Verzögerungen, ist für den Chef schnell ein ganzer Vormittag weg – ohne dass er Zeit gehabt hätte, sich um Unternehmeraufgaben zu kümmern.

Um keine Zeit mit Tür-und-Angel-Entscheidungen zu verlieren, empfiehlt es sich, mit dem Leitungspersonal feste Besprechungstermine einzuplanen. Beispielsweise täglich von 9 Uhr bis 9.30 Uhr. Bei diesen Meetings werden alle wichtigen Fragen und Probleme angesprochen, und der Chef kann informierte Entscheidungen fällen.

Der Vorteil ist, dass alle Anwesenden vorbereitet sind. Jede Unternehmenssektion – Finanzen, Produktion, Vertrieb usw. – berichtet über ihre Lage. Zahlen werden in kurzen Präsentationen als Beleg angeführt. So erhält der Chef einen guten Überblick über die aktuelle Lage. Und kann umso kompetenter reagieren. Das kann die Änderung von Regeln betreffen, die sich als nicht hilfreich erwiesen haben, aber auch Prozessstrukturen im Unternehmen oder sogar Investitionsentscheidungen. Alles Dinge, die nicht mal so nebenbei auf dem Flur besprochen und entschieden werden können. Zumal Sie als Chef in konzentrierter Atmosphäre ein besseres Gefühl entwickeln, ob die Berichte stimmig sind, oder ob irgendwo Handlungsbedarf besteht.

Mit der Zeit reduzieren Sie die Frequenz der Meetings. Von täglich über alle zwei Tage und einmal pro Woche bis hin zu einmal im Monat. Je nach Bedarf können Sie auch die Bereiche trennen und unterschiedliche Zeitintervalle festlegen.

Um es nicht zu verschweigen: Diese Meetings sind anstrengend. Aber auch sehr effektiv. Nicht zuletzt haben Sie die gesamte Zeitspanne bis zum nächsten Meeting Gelegenheit, sich mit anderen, wichtigeren Dingen zu beschäftigen. Fragen, die zwischenzeitlich anfallen, müssen sich Ihre Mitarbeiter bis zum nächsten Termin aufsparen – es sei denn, es gibt irgendwo ein unvorhergesehenes Problem. Wenn die Hütte wirklich brennt, können sich die Mitarbeiter auch zwischendurch an Sie wenden. Das dürfte jedoch selten der Fall sein.

Achten Sie gerade bei längeren Zeitintervallen darauf, dass die Termine im Vorfeld feststehen. Machen Sie im Januar ruhig alle Termine bis ins dritte Quartal hinein fest. Damit sie nicht im operativen Tagesgeschäft untergehen, kommt es auf Verbindlichkeit und Regelmäßigkeit an. Und darauf, dass Sie dann auch wirklich Zeit dafür haben – kneifen gilt nicht! Denn diese Meetings sind extrem wichtig. Sie tragen dazu bei, Ihren Leuten klarzumachen, dass Sie für sie da sind – aber nicht jederzeit. Und dass die Mitarbeiter sich eigenständig überlegen, ob sie für jede Kleinigkeit den Rat des Chefs benötigen.

Dabei werden Sie auf ein Problem stoßen. Und zwar auf die Schwierigkeit, diese Regelung auch durchzuziehen wie geplant. Disziplin aufzubringen. Nicht zurückzufallen in die alten Kommunikationsmuster. Genau wie am Silvesterabend, wenn man sich für das neue Jahr Vorsätze macht, die im besten Fall bis Mitte Januar halten …

Der Mensch ist ein Gewohnheitstier. Das betrifft die Mitarbeiter ebenso wie den Chef. Eingefahrene Gewohnheiten loszuwerden oder zu verändern, braucht Zeit und Geduld: Man nimmt sich etwas vor. Früher oder später vergisst man die guten Vorsätze – und ertappt sich prompt dabei, dass man wieder in den alten Trott zurückgefallen ist.

Eine feste Gewohnheit kann man sich nur ganz bewusst abtrainieren. Das funktioniert leichter, indem man sich zugleich eine neue antrainiert, die alte also quasi durch die neue Gewohnheit ersetzt. Wollen Sie sich abgewöhnen, jeden Morgen nach dem Aufwachen E-Mails zu checken, dann legen Sie Ihr Smartphone oder Tablet jeden Abend bewusst drei Meter weit entfernt vom Bett ab. Oder am besten gleich in ein anderes Zimmer. Damit machen Sie sich die Gewohnheit erst einmal bewusst. Um ihr dennoch nachzugeben, werden Sie schon aufstehen und ein paar Schritte gehen müssen. Spätestens wenn Sie das Gerät in die Hand nehmen, werden Sie denken: »Mist, eigentlich will ich doch gar keine Mails lesen.«

Die Gewohnheit wird dadurch erst einmal bewusst gemacht. Nur was bewusst geschieht, kann korrigiert werden. Als Nächstes überlegen Sie sich eine neue Aktivität, die die alte ersetzt. Zum Beispiel erst einmal die Zähne zu putzen oder Kaffee zu kochen. Führen Sie diese neue Aktivität bewusst anstelle der alten aus. Auch hier gilt: Nur was bewusst und regelmäßig geschieht, wird irgendwann zur dauerhaften Gewohnheit. Allerdings dauert das seine Zeit.

Gewohnheiten bewusst ändern – das dauert!

Gewohnheiten sind Verhaltensweisen, die meist unbewusst und fast automatisch ablaufen. Viele menschliche Gewohnheiten sind nützlich und sinnvoll – etwa, dass wir morgens immer an derselben Stelle im Regal nach dem Kaffeebecher greifen. Es gibt aber eben auch lästige Gewohnheiten. Solche, die wir gerne loswerden wollen.

Will man eine Gewohnheit – egal ob lästig oder nicht – durch eine neue ersetzen, muss man sich die neue Verhaltensweise bewusst antrainieren. Die Wiederholung macht sie zur Routine – und irgendwann zu einer neuen Gewohnheit. Das dauert allerdings. Wie lange, untersuchte die Psychologin Phillippa Lally vom Londoner University College 2009 in einer Studie.

96 Freiwillige im durchschnittlichen Alter von 27 Jahren sollten sich über einen Versuchszeitraum von zwölf Wochen eine neue Gewohnheit aneignen, zum Beispiel täglich 15 Minuten spazieren zu gehen oder 50 Sit-ups zu machen. Die Teilnehmer protokollierten, wie bewusst sie ihre neue Verhaltensweise umsetzten. Außerdem wurde festgehalten, wann sie das Gefühl hatten, die Verhaltensweise verinnerlicht zu haben und somit zu einer Gewohnheit hatten werden lassen.

> Im Gegensatz zu dem bis dato häufig vermuteten Wert von 30 Tagen fand Phillippa Lally heraus, dass die »Trainingsphase« vom bewussten Ausführen der neuen Aktivität bis zum gewohnheitsmäßigen Verhalten durchschnittlich 66 Tage dauert.

Entscheidend ist, dass Sie die Änderung einer Gewohnheit bei sich selbst beginnen. Seien Sie Vorbild. Fangen Sie im Kleinen an. Nehmen wir an, Sie haben den »E-Mail-Junkie« in sich selbst satt. Dann zwingen Sie sich dazu, ab sofort nur noch zweimal pro Tag in Ihre Inbox zu schauen: morgens um 7.30 Uhr und nachmittags um 16.30 Uhr. Mehr ist nicht erlaubt.

Gelingt es Ihnen, das über zwei Monate lang durchzuziehen, dann herzlichen Glückwunsch! Sie haben sich eine neue Gewohnheit zugelegt.

Wenn nicht, können Sie versuchen, mit »Belohnungen« und »Bestrafungen« zu arbeiten. Zum Beispiel könnten Sie am Abend eines Tages, an dem Sie wirklich nur zu den vorgenommenen Zeiten Ihre E-Mails bearbeitet haben, mit Freunden oder Ihrer Frau ins Kino gehen. Zusätzlich informieren Sie Ihre Begleiter – und gerne auch Ihre Mitarbeiter – über den Hintergrund, nämlich den Belohnungseffekt für konsequentes Training. Wenn es dann nicht zum Kinoabend kommt, fühlt es sich unangenehm an, den anderen gegenüber einzugestehen, warum – dass Sie nämlich Ihr Trainingsziel heute verfehlt haben.

Umgekehrt könnten Sie als Strafe für jede Mail, die Sie außerhalb der anvisierten Zeiträume lesen oder schreiben, fünf Euro ganz offen in die Kaffeekasse Ihrer Mitarbeiter werfen. Oder in verschärfter Form: Sie legen den Betrag beiseite als Spende für ein gemeinnütziges Projekt, das Sie persönlich unsinnig finden. Wo es also richtig wehtut, Geld dafür auszugeben.

Nicht jeder braucht fiese Methoden wie diese – aber sie helfen!

> **Turbo-Tipp: Geänderte Gewohnheiten offen ansprechen**
>
> Nicht nur die Strategien Ihres eigenen Gewohnheitstrainings dürfen Sie Ihren Mitarbeitern offen mitteilen. Plötzliche Änderungen der Kommunikation im Unternehmen können zu Irritationen führen, wenn Ihren Leuten die Gründe nicht bekannt sind.
>
> Haben Sie bisher Aufgaben immer mit dem Hinweis delegiert, dass der zuständige Mitarbeiter jederzeit auf Sie zurückkommen kann, so sagen Sie jetzt klar: Ab sofort möchten Sie kein direktes Feedback mehr, sobald Sie etwas delegiert haben. Sie akzeptieren höchstens eine E-Mail, melden sich von sich aus einmal in der Woche oder nutzen die regelmäßig angesetzten Termine dazu, um sich einen Eindruck der Lage zu verschaffen.
>
> Für Ihre Mitarbeiter ist es hilfreich, wenn Sie ihnen erklären, was dahintersteckt. Dass eine Umstellung passiert, weil Sie auf die Eigenverantwortlichkeit Ihrer Leute zählen. Dass Sie mehr Zeit benötigen für Ihre Aufgaben als Unternehmer. Seien Sie konsequent – wenn Sie erkennen, dass sich alte kommunikative Gewohnheiten wieder einzuschleichen drohen, sprechen Sie das an. Und bestehen Sie auf dem neuen Muster.
>
> Und: Bei größeren Unternehmen gibt es »Zwischenstufen« wie Produktions- und Vertriebsleiter. Lassen Sie sich als Chef nicht zu Entscheidungen überreden, auf die ein Mitarbeiter Sie direkt anspricht. Verweisen Sie auf Ihr Führungspersonal. Das mag am Anfang schwierig sein, besonders wenn Sie zu raschen Entscheidungen neigen und Ihre Mitarbeiter das wissen. Auch hier wirkt die Macht der Gewohnheit. Steuern Sie bewusst dagegen an!

4. Die Batterien aufladen

Durch Vermeidung von »Blindenergie«, mit auf Zukunft gestellten Weichen und nachdem manch eine kommunikative Gewohnheit umgestellt ist, werden Sie feststellen, dass Ihnen insgesamt auf einmal viel mehr Zeit für andere Dinge zur Verfügung steht. Nun sollten Sie als Chef nicht zögern, dieses zeitliche Potenzial auch sinnvoll zu nutzen. Primär natürlich für die Aufgaben eines Vollblutunternehmers: Arbeiten Sie vermehrt nicht mehr nur in Ihrem Unternehmen, sondern vor allem am Unternehmen. Gestalten Sie es. Bauen Sie die Vision, Ziele, Strategien aus und entwickeln Sie interne Planungen. Außerdem können Sie die gewonnene Zeit nutzen, um Weiterbildungsseminare zu besuchen und das Kunden- und Kollegennetzwerk zu pflegen. Kurz: Prägen Sie die Zukunft des Betriebs.

Das ist der eine Punkt. Der andere ist: Vergessen Sie nicht, dass Sie der wichtigste Energielieferant Ihres Unternehmens sind. Behalten Sie deshalb stets Ihren Energievorrat im Blick. Und vergessen Sie nicht, Ihren »Akku« regelmäßig wieder aufzuladen.

Die Gesamtexistenz eines Menschen beruht auf einem Fundament von mehreren Säulen. Die wichtigsten vier davon sind Familie und Partnerschaft, Freunde, der Beruf und private Hobbys. Im Idealfall, den viele Menschen anstreben, tragen alle vier Säulen gleich stark. Bricht eine davon weg, bleiben immer noch die anderen.

Das gilt auch für selbstständige Unternehmer. Sie sind besonders gefährdet, sich hauptsächlich auf die Säule des Berufs zu stützen und die anderen zu vernachlässigen. Dadurch werden die anderen Säulen mit der Zeit dünn und marode. Geht dann im Beruf etwas schief, bricht alles zusammen. Es droht eine Sinnkrise. Wenn nicht Schlimmeres.

Gemeinerweise ist das oft ein schleichender Prozess. Wer nur noch arbeitet, bekommt den Tunnelblick. Er merkt zunächst nicht, wie nach und nach die anderen Säulen wegbrechen. Darin besteht die Tragik. Und das hohe Risiko. Gerade wenn es gut läuft. »Mir macht es ja Spaß!«

Denn wenn es dem Unternehmen – aus welchen Gründen auch immer – einmal nicht mehr so gut geht, dann fühlt sich das für den stark involvierten Chef so an, als würde er gleich mit zugrunde gehen.

Läuft es dagegen generell schlecht, weil Aufträge ausbleiben oder sich die Umsätze hart an der Insolvenzgrenze bewegen, spornt sich der involvierte Chef zu noch größeren Leistungen an. Und verpasst irgendwann die Momente, in denen er dringend eine Auszeit bräuchte. Er verzichtet darauf, aus Angst, dass ohne ihn der Kollaps eintritt.

Der selbstständige Geschäftsführer tut deshalb seiner eigenen Gesundheit einen Gefallen, wenn er sich aus dem operativen Geschäft ein Stück weit zurückzieht und die neu gewonnene Zeit auch zur Entspannung nutzt. Für ein Treffen mit Freunden. Für ein Abendessen mit der Familie. Für Hobbys, die ihm eine andere Art von Einsatz und Kreativität abverlangen. Gönnen Sie sich mehr Freizeit!

Achten Sie darauf, dass Sie in dieser Zeit Ihre Akkus wirklich aufladen. Wirklich entspannen. Oder etwas tun, das Ihnen wirklich Spaß und Erfüllung gibt. Wenn nicht, besteht die Gefahr, dass Sie sich doch wieder in Ihr Büro flüchten.

In diese Falle wäre ich beinahe selbst getappt. Früher habe ich viel Kampfsport gemacht. Irgendwann tauchten Kameraden auf, die zehn Jahre jünger und entsprechend fitter waren als ich. Immer öfter ließ ich das Training ausfallen und redete mir ein, dass mich dringende Arbeit davon abhielt. Bis mir irgendwann klar wurde, dass Kampfsport einfach zu frustrierend geworden war und ich mir deswegen meine Erfolgserlebnisse im Unternehmen holte. Aber Ausgleich und Bewegung brauche ich trotzdem. Ich muss mir also eine neue Sportart suchen.

Ein Hobby, das mit 20 oder 30 Lebensjahren großartig ist, muss es ja nicht für immer bleiben! Und wenn man merkt, dass da etwas versandet, was man eigentlich gerne gemacht hat, dann sollte man nicht zögern, sich etwas Neues zu suchen. Nicht im Unternehmen – auch wenn sich da der Spaß am Erfolg vielleicht rascher einstellt. Sondern außerhalb. Es gibt genügend Sportarten und sonstige Freizeitaktivitäten, denen man auch im Alter von 40, 50 oder 80 Jahren mit Freude nachgehen kann.

Wenn Sie sich bewusst Auszeiten nehmen für die anderen drei wichtigen Säulen Ihres Lebens, lädt sich Ihr Akku spürbar von ganz alleine wieder auf. Sie haben deutlich mehr Energie zur Verfügung und können diese gezielt wieder einsetzen, wo sie Ihnen im Beruf am wichtigsten ist.

Als Vollblutunternehmer.

Kurz und bündig

➤ Hüten Sie sich vor Überarbeitung. Herz-Kreislauf-Erkrankungen wie Herzinfarkt und Schlaganfall stellen in den Industrieländern mit fast 50 Prozent mittlerweile die häufigste »natürliche« Todesursache dar.

➤ Vermeiden Sie den kurzsichtigen »Tunnelblick«. Anstatt rund um die Uhr im Unternehmen zu arbeiten, nehmen Sie äußere Impulse wie neue Trends und den Wandel der Branche bewusst wahr – damit Ihr Unternehmen nicht langfristig auf der Strecke bleibt.

➤ Analysieren Sie Ihre Arbeitsverteilung. Halten Sie sich vor Augen, dass Sie hauptsächlich Unternehmeraufgaben übernehmen müssen. Für Facharbeiten und Management haben Sie Ihre Mitarbeiter. Nutzen Sie Tabellen und Arbeitsblätter, um sich einen Überblick über Ihren Zeiteinsatz zu verschaffen und zu behalten. Und um eine Verschiebung der Prioritäten zu bewirken.

➤ Stellen Sie die Weichen auf Zukunft: Führen Sie so früh wie möglich Prozesse ein, die es Ihnen erlauben, sich aus bestimmten Aufgaben vollends auszuklinken. Besetzen Sie die betreffenden Positionen mit zu 100 Prozent geeigneten Mitarbeitern.

➤ Üben Sie sich in der Bewusstmachung und Umstellung Ihrer Gewohnheiten sowie derjenigen Ihrer Mitarbeiter. Gehen Sie hier im

Kleinen mit gutem Beispiel voran. Wenn nötig, arbeiten Sie mit (eigener) »Belohnung« oder »Bestrafung«.

➤ Nutzen Sie die gewonnene Zeit nicht nur für Ihre Aufgaben als Unternehmer, sondern auch für bewusste Auszeiten, um Ihren »Akku« wieder aufzuladen. Respektieren Sie die drei anderen wichtigen Säulen Ihres Lebens, und pflegen Sie sie – damit Sie als wichtigster Energielieferant für Ihr Unternehmen auf Dauer fit bleiben.

Nachwort

Der Tag, an dem Anton C. seinen Langstreckenflug buchte

Anton C. checkt seinen Kalender. Wie liegen die Termine Anfang nächsten Jahres? An Weihnachten muss er durcharbeiten, das ist sicher. Und danach steht ihm bestimmt noch mehr Stress bevor. Sein Blick fällt auf einen Tag in der zweiten Januarwoche.

»Bettys Geburtstag!«, schießt es ihm durch den Kopf. »Diesmal sollte ich mir rechtzeitig ein Geschenk überlegen.« Er schaut auf die Uhr. Wenn er heute ein bisschen früher Schluss macht, könnte er noch in die Stadt fahren, um sich nach Ideen umzuschauen. Nichts wie los!

Gesagt, getan. Nach halbstündiger Fahrt tritt Anton C. aus einem Parkhaus in der Innenstadt. Es ist kurz vor Ladenschluss. Vorbei an Schaufenstern, hupenden Autos und genervten Passanten bahnt er sich einen Weg durch den seit Tagen anhaltenden Novemberregen.

»Was schenk' ich Betty nur?«, murmelt er. Einen neuen Laptop? Einen größeren Fernseher für ihr Schlafzimmer? Anfang letzten Jahres hatten sie noch ein gemeinsames Schlafzimmer. Anton C. verdrängt den schmerzhaften Gedanken. Am Blumenladen bleibt er kurz stehen.

»Nee, Rosen kauf ich dann sowieso«, denkt er sich. »Betty mag ja nur Rosen.« Gegenüber dem Blumenladen ist ein Juweliergeschäft. In der panzerverglasten Auslage liegen Saphir- und Jadecolliers, Brillantringe und prächtige Goldketten. Die Preise sind auf winzige Etiketten gekritzelt und wirken gerade deshalb umso selbstbewusster. Was Dreistelliges ist gar nicht erst dabei. Wenn der Schmuck dann wenigstens richtig schön wäre – aber er sieht nur teuer aus. »Alles nicht Bettys Geschmack.« Anton C. schüttelt den Kopf. Ratlos schaut er sich um.

»Trip – Tour – Travel« ist über einem hell erleuchteten, in warmen Farben gehaltenen Schaufenster zu sehen. »Das ist es!«, freut sich Anton C. »Der Urlaub letzten Sommer ist wegen mir geplatzt. Also schenk' ich Betty zum Geburtstag eine Reise!«

Sein spontaner Enthusiasmus verfliegt, als ihm einfällt, dass er als Geschäftsführer ja Termine hat. Er zückt sein Smartphone, das er noch in der Firma mit der Kalender-App seines Bürorechners synchronisiert hat. »Hm … das hier könnte ich schieben. Das Kundengespräch überlass' ich meinem Partner. Die Termine da müssten sich alle delegieren lassen … Außerdem, ich war ja nicht gerade faul in den letzten zwölf Monaten. Klar, ein Vierteljahr lang könnte ich nicht einfach blau machen. Aber vier Wochen? Doch, das müsste gehen.«

Entschlossen betritt Anton C. das Reisebüro. Als er es wieder verlässt, trägt er ein Lächeln auf dem Gesicht. Wieder holt er das Smartphone hervor und wählt den Kontakt »Sweet home« an.

»Betty? Ja, ich bin's. Hat heute mal wieder länger gedauert. Nee, nicht mehr. Was? In der Stadt, wieso? Klopapier und Katzenfutter? Gut, bring ich mit. Sonst noch was? Wie wär's mit Sonnencreme? Kein Scherz, echt nicht, die wirst du bald brauchen. Ab dem zweiten Januar, genauer gesagt. Der bringt nämlich einen langen Flug und dann vier Wochen lang Sonne satt. Nur für uns beide. Was sagst du dazu? Ich hab' Australien gebucht!«

Lesetipps

Folgende Bücher haben mir sehr geholfen, die Themen Führung, Motivation und Unternehmertum besser zu verstehen:

Ariely, Dan (2008): *Denken hilft zwar, nützt aber nichts. Warum wir immer wieder unvernünftige Entscheidungen treffen*, Knaur TB

Baum, Thilo (2009): *Komm zum Punkt. Das Rhetorik-Buch mit der Anti-Laber-Formel*, Eichborn

Borck, Gebhard (2011): *Affenmärchen. Arbeit frei von Lack & Leder*, Beratergruppe sinnvoll-wirtschaften

Brandes, Dieter (2004): *Einfach managen. Klarheit und Verzicht – der Weg zum Wesentlichen*, Redline Verlag

Faltin, Günter (2008): *Kopf schlägt Kapital! Die ganz andere Art, ein Unternehmen zu gründen: Von der Lust ein Entrepreneur zu sein*, Hanser

Happich, Gudrun (2011): *Ärmel Hoch! Die 20 schwierigsten Führungsthemen und wie Top-Führungskräfte sie anpacken*, orell Füssli

Jäger, Roland (2010): *Ausgekuschelt. Unbequeme Wahrheiten für den Chef*, orell Füssli

Johnson, Steven (2010): *Where Good Ideas Come From: The Natural History of Innovation*, Riverhead

Merath, Stefan (2010): *Der Weg zum erfolgreichen Unternehmer. Wie Sie und Ihr Unternehmen neue Dynamik gewinnen*, Gabal

Pink, Daniel H. (2009): *Drive . Was Sie wirklich motiviert*, ECOWIN

Sinek, Simon (2011): *Start with Why: How Great Leaders Inspire Everyone to Take Action*, Portfolio Trade

Sprenger, Reinhard K. (1994): *Mythos Motivation – Wege aus der Sackgasse*, Campus

Zeuch, Andreas (2010): *Feel it! So viel Intuition verträgt Ihr Unternehmen*, Wiley-VCH

Über den Autor

Dr. Ing. Bernd Geropp ist Geschäftsführer-coach und Unternehmensberater. Er spricht die Sprache der Führungskräfte und kennt ihren Arbeitsalltag aus eigener 14 Jahre langer Erfahrung als Unternehmer und Manager von Unternehmen, die technische High-End-Produkte herstellen. Er weiß, wie sehr der Erfolg eines Unternehmens nicht nur von der Exzellenz seiner Produkte, sondern insbesondere vom Engagement seiner Mitarbeiter abhängt.

Auf seinem Blog www.mehr-fuehren.de schreibt er regelmäßig Artikel über Neuigkeiten und Tipps rund um die Themen Mitarbeiterführung, Unternehmensstrategie und Selbstmanagement von Führungskräften sowie Geschäftsführern im industriellen Umfeld.

Seit Juni 2013 erscheint sein wöchentlicher Podcast »Führung auf den Punkt gebracht«. In den knapp 20-minütigen Folgen geht es um Wissenswertes, Tipps und Interviews zu Unternehmensführung, Mitarbeitermotivation und Strategie.

Stichwortverzeichnis